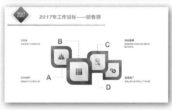

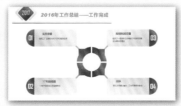

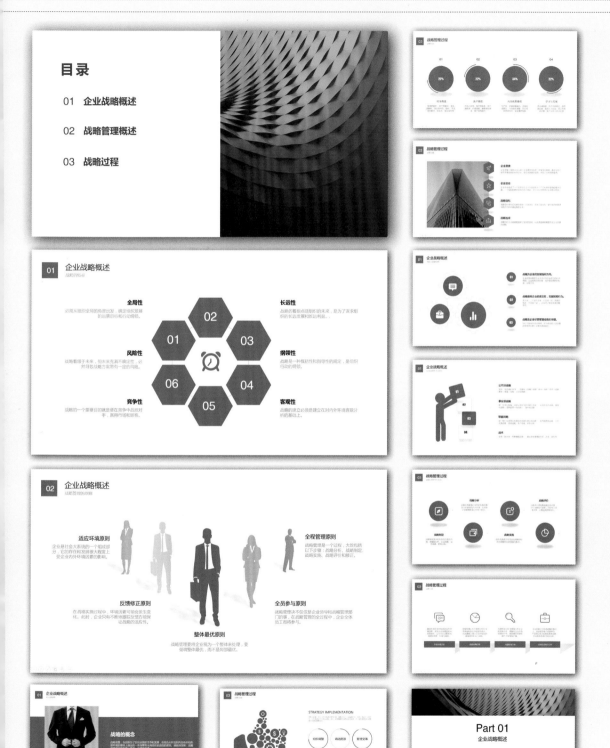

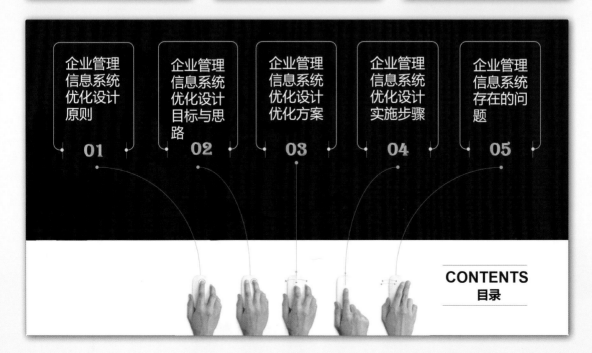

本书 PPT 案例展示

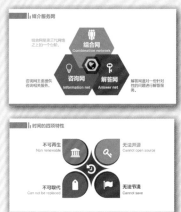

交流沟通技巧

关系的强度会随着两人分享信息的多寡，以及两人的互动形态而改变。我们通常把和我们有关系的人分成：认识的人、朋友以及亲密朋友。两人之间沟通技巧主要有学会倾听、注视对方以及把握时机。

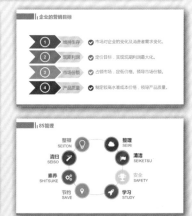

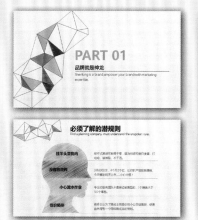

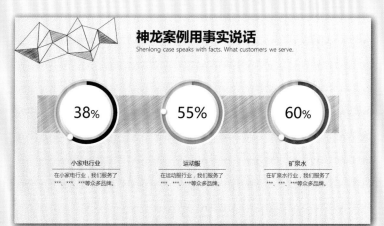

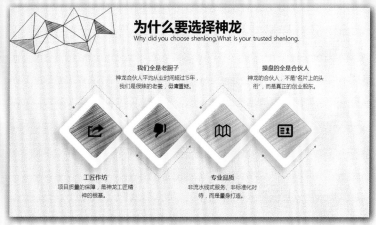

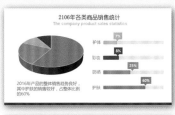

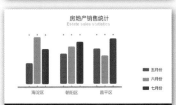

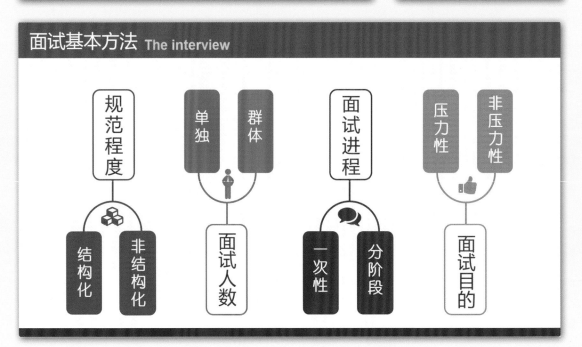

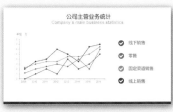

PPT

2016 幻灯片设计与制作

从入门到精通

神龙工作室 编著

人民邮电出版社

北京

图书在版编目（CIP）数据

PPT 2016幻灯片设计与制作从入门到精通 / 神龙工
作室编著. -- 北京：人民邮电出版社，2018.9（2023.12重印）
ISBN 978-7-115-47433-9

Ⅰ．①P… Ⅱ．①神… Ⅲ．①图形软件 Ⅳ．
①TP391.412

中国版本图书馆CIP数据核字(2018)第140447号

内 容 提 要

本书是指导初学者学习 PowerPoint 2016 的入门书籍。书中详细地介绍了初学者在设计 PPT 时应该掌握的基础知识、使用方法和操作技巧，并对初学者在使用时经常遇到的问题进行了专家级的指导，以免初学者在起步的过程中走弯路。全书共分 15 章，分别为初识 PowerPoint 2016，PowerPoint 2016 的基本操作，PPT设计基础，文本的输入与编辑，图片的插入与编辑，图形、图示的绘制与设计，表格的插入与设置，图表的创建与设计，添加多媒体文件，添加动画，交互式演示文稿的创建，主题和母版的应用，演示文稿的放映，演示文稿的保护和共享，演示文稿的打印与导出。本书能帮助读者完整、全面地掌握 PPT 设计与制作过程。

本书附赠内容丰富、实用的教学资源，读者可以从网盘下载。教学资源中不仅提供长达 8 小时的与本书内容同步的视频讲解，同时附有 8 小时 Word/Excel/PPT 办公技巧与经典案例视频讲解、928 套 Word/Excel/PPT 2016 办公模板、财务/人力资源/文秘/行政/生产等岗位工作手册、Office 应用技巧 1280 招电子书、300 页 Excel 函数与公式使用详解电子书、常用办公设备和办公软件的使用方法视频讲解、电脑常见问题解答电子书等内容。

本书既适合初入职场的新人阅读，也适合有一定 Office 使用经验，但 PPT 制作能力有待提高的办公人员学习，同时又可以作为大中专类院校或者企业的培训教材。

◆ 编　著　神龙工作室
　 责任编辑　马雪伶
　 责任印制　马振武

◆ 人民邮电出版社出版发行　　北京市丰台区成寿寺路 11 号
　 邮编　100164　电子邮件　315@ptpress.com.cn
　 网址　https://www.ptpress.com.cn
　 涿州市般润文化传播有限公司印刷

◆ 开本：787×1092　1/16
　 印张：18　　　　　　　　　2018 年 9 月第 1 版
　 字数：460 千字　　　　　　2023 年 12 月河北第 17 次印刷

定价：49.80 元

读者服务热线：(010)81055410　印装质量热线：(010)81055316
反盗版热线：(010)81055315
广告经营许可证：京东市监广登字 20170147 号

随着信息时代的不断发展，Office办公软件已经成为现代日常办公中不可或缺的工具。PowerPoint 2016具备演示文稿的建立与编辑，文本、形状、图片、图表的应用与编辑功能，现在已被广泛应用于各个领域，是日常工作中不可缺少的自动化办公组件之一。作为基本的演示文稿处理软件，具有容易操作、简单易学等特点，但是想要熟练应用PowerPoint 2016制作出优秀的演示文稿也并不容易。为了便于广大读者更好地使用PowerPoint 2016的各项功能，我们组织多位办公软件应用专家和职场资深人士，在Windows 10系统下，精心编写了本书。

写作特色

■ 实例为主，易于上手：全面突破传统的按部就班讲解知识的模式，模拟真实的工作环境，以实例为主，将读者在学习的过程中遇到的各种问题以及解决方法充分地融入实际案例中，以便读者能够轻松上手，解决各种疑难问题。

■ 学思结合，强化巩固：通过"高手过招"栏目提供精心筛选的PowerPoint 2016常用技巧，以专家级的讲解帮助读者掌握PowerPoint 2016的使用技巧。

■ 提示技巧，贴心周到：对读者在学习过程中可能遇到的疑难问题都以提示技巧的形式进行了说明，使读者能够更快、更熟练地运用各种操作技巧。

■ 双栏排版，超大容量：采用双栏排版的格式，信息量大。在280多页的篇幅中容纳了传统版式400多页的内容。这样，我们就能在有限的篇幅中为读者提供更多的知识和实战案例。

■ 一步一图，图文并茂：在介绍具体操作步骤的过程中，每一个操作步骤均配有对应的插图，以使读者在学习过程中能够直观、清晰地看到操作的过程及其效果，学习更轻松。

■ 扫码学习，方便高效：本书的配套教学视频与书中内容紧密结合，并提供电脑端、手机端两种学习方式——读者既可选择在电脑上观看教学视频；也可以通过扫描书中二维码，在手机上观看视频，随时随地学习。

教学资源特点

■ 超大容量：本书所配的教学视频播放时间长达8小时，涵盖书中绝大部分知识点，并做了一定的扩展延伸。

■ 内容丰富：教学资源中不仅包含8小时与书本内容同步的视频讲解、本书实例的原始文件和最终效果，同时赠送以下3部分内容。

（1）8小时Word/Excel/PPT办公技巧与经典案例视频讲解，帮助读者拓展解决实际问题的思路。

（2）928套Word/Excel/PPT 2016实用模板、含1280个Office应用技巧的电子书、财力/人力资源/文秘/行政/生产等岗位工作手册、300页Excel函数与公式使用详解电子书，帮助读者全面提升工作效率。

（3）多媒体讲解打印机、扫描仪等办公设备及解压缩软件、看图软件等办公软件的使用、包含300多个电脑常见问题解答的电子书，有助于读者提高电脑综合应用能力。

■ 解说详尽：在演示各个PowerPoint 2016实例的过程中，对每一个操作步骤都做了详细的解说，使读者能够身临其境，提高学习效率。

■ 实用至上：以解决问题为出发点，通过一些经典的PowerPoint 2016应用实例，全面涵盖了读者在学习PowerPoint 2016所遇到的问题及解决方案。

配套教学资源使用说明

① 关注"职场研究社"，回复"47433"，获取本书配套教学资源下载方式。

② 教学资源下载并解压缩后，双击文件夹中的 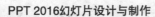PPT2016幻灯片设计与制作从入门到精通.exe 文件，即可进入教学资源主界面，如下图所示。

③ 在教学资源主界面中单击相应的按钮即可开始学习。

本书由神龙工作室组织编写，陈静执笔，参与资料收集和整理工作的有唐杰、孙冬梅等。由于作者水平有限，书中难免有疏漏和不妥之处，恳请广大读者不吝批评指正。

本书责任编辑的联系邮箱：maxueling@ptpress.com.cn。

编者

目 录

第4章
文本的输入与编辑

视频演示路径：
编辑幻灯片\文本的输入与编辑

高手过招

❋ 快速复制图形

❋ 转换SmartArt图形

第7章
表格的插入与设置

📥 视频演示路径：
编辑幻灯片\表格的插入与设置

高手过招

❋ 使用橡皮擦合并单元格

❋ 使单元格的文字竖排显示

第8章
图表的创建与设计

📥 视频演示路径：
编辑幻灯片\图表的创建与设计

高手过招

第9章
添加多媒体文件

视频演示路径：
添加多媒体动画和超链接\添加多媒体文件

高手过招

第10章
添加动画

视频演示路径：
添加多媒体动画和超链接\添加动画

高手过招

第11章
交互式演示文稿的创建

视频演示路径：
添加多媒体动画和超链接\添加超链接

高手过招

※ 查看演示文稿属性

第12章
主题和母版的应用

视频演示路径：
主题和母版的应用

第13章
演示文稿的放映

视频演示路径：
演示文稿的后期管理\放映幻灯片

高手过招

※ 选择打印纸张大小

第1章

初识PowerPoint 2016

PowerPoint 2016是微软公司Office办公套件中的一个组件，主要用来制作和编辑演示文稿。

1.1 PowerPoint 2016的安装与卸载

了解并熟练地使用PowerPoint 2016对办公有很大帮助。学习PowerPoint 2016，要从学习安装、卸载PowerPoint 2016开始。

1.1.1 安装PowerPoint 2016

PowerPoint作为Office办公组件中的一员，在安装Office软件时会被自动安装。

下面以Windows 10操作系统为例，介绍安装Microsoft Office 2016的具体步骤。

1 在Microsoft Office 2016安装程序文件夹中，双击setup.exe程序文件。

2 安装程序自动准备必要的文件。

3 稍后进入【选择所需的安装】界面，进入安装界面。

4 安装完成后，界面提示Office 2016安装在电脑中的具体位置。

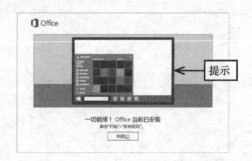

5 按照提示单击【开始】按钮 ⊞，即可看到安装后的软件。

1.1.2 卸载PowerPoint 2016

如果不再需要PowerPoint 2016，可以卸载此组件或者直接卸载Microsoft Office程序。

1 在桌面上双击【此电脑】。

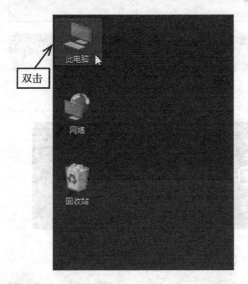

2 在打开的页面中单击【计算机】选项，在系统选项中单击【卸载或更改程序】按钮。

3 弹出【程序和功能】界面，在【卸载或更改程序】列表中选择要卸载的选项。

4 单击Office 2016程序后单击上方的【卸载】按钮 卸载 。

5 弹出卸载提示框，单击【确定】按钮。

6 弹出是否卸载窗口，单击【卸载】按钮，随即开始卸载。

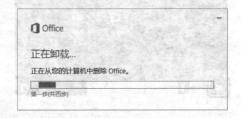

7 卸载完毕单击【关闭】按钮即可。

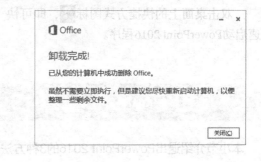

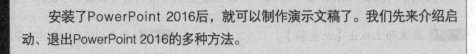

1.2 PowerPoint 2016的启动与退出

安装了PowerPoint 2016后，就可以制作演示文稿了。我们先来介绍启动、退出PowerPoint 2016的多种方法。

1.2.1 启动PowerPoint 2016

本小节介绍启动PowerPoint 2016的3种方法。

1. 从开始菜单启动

单击【开始】按钮，在弹出的快捷菜单中选择【所有程序】▶【PowerPoint 2016】菜单项，即可启动PowerPoint 2016程序。

2. 双击桌面快捷方式启动

双击桌面上的快捷方式图标，即可快速启动PowerPoint 2016程序。

3. 从任务栏启动

如果PowerPoint 2016图标已经被锁定到任务栏，可以直接单击任务栏中的按钮，启动PowerPoint 2016程序。

提示

在桌面上的PowerPoint 图标上单击鼠标右键，在弹出的快捷菜单中选择【锁定到任务栏】菜单项，即可将图标固定到任务栏。

1.2.2 退出PowerPoint 2016

本小节介绍退出PowerPoint 2016的3种方法。

方法1：在PowerPoint 2016窗口中，单击【文件】按钮 文件 ，在弹出的界面中选择【关闭】选项即可。

方法2：单击PowerPoint 2016窗口右上角的【关闭】按钮 × ，即可退出。

方法3：在标题栏的空白处单击鼠标右键，在弹出快捷菜单中选择【关闭】菜单项，或者直接按【Alt】+【F4】组合键，即可关闭当前程序。

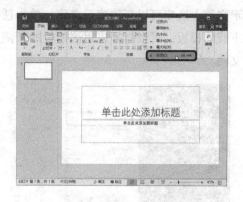

1.3 PowerPoint 2016的工作界面

随着PowerPoint版本的升级，其功能也在不断完善，本节介绍PowerPoint 2016的工作界面，从外观上认识其各项功能。

1.3.1 PowerPoint 2016的欢迎界面

欢迎界面即启动PowerPoint 2016后打开的第一个界面。

1. 关于欢迎界面

启动PowerPoint 2016后，弹出的第一个界面即是欢迎界面。

在欢迎界面的左侧，在【最近使用的文档】列表中会显示最近打开的演示文稿的名称以及存放位置，如果需要打开其中的某个演示文稿，直接单击即可。如果需要打开其他演示文稿，可以单击【打开其他演示文稿】选项。

在欢迎界面的右侧，显示了【搜索联机模板和主题】文本框、【空白演示文稿】选项和已经下载过的模板。在搜索文本框中输入关键字可以查找演示文稿；单击【空白演示文稿】选项可以新建演示文稿；单击任何下载的模板，可以打开应用该模板的新演示文稿。

2. 更改最近使用的文档数目

当【最近使用的文档】数目显示过多时，欢迎界面会显得不够清晰、简洁，此时我们可以更改最近使用的文档的数目。具体操作步骤如下。

1 在打开的演示文稿中单击【文件】按钮 **文件**。

2 在弹出的界面中选择【选项】选项。

3 弹出【PowerPoint选项】对话框，切换到【高级】选项卡，在【显示】组中的【显示此数量的最近的演示文稿】微调框中输入合适的数值，此处输入"3"，然后单击 **确定** 按钮。

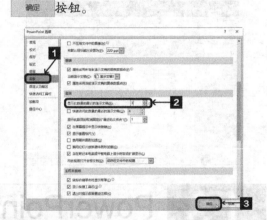

4 当重新打开PowerPoint 2016程序进入欢迎界面后，即可看到【最近使用的文档】的数量已经改变。

1.3.2 工作界面

工作界面是编辑演示文稿的主要区域，了解工作界面的布局与功能是非常重要的。

1. 功能区

功能区是菜单和工具栏的主要显示区域，默认显示了8个选项卡，在这些选项卡中几乎涵盖了所有的组、对话框和按钮。

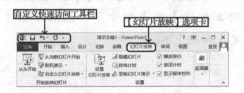

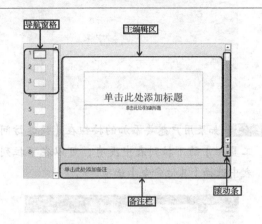

2. 文档编辑区

文档编辑区包括主编辑区、导航窗格、备注栏和滚动条。主编辑区是制作、显示幻灯片的主要区域。同时，也可以利用导航窗格和滚动条等工具辅助幻灯片编辑。

3. 状态栏

状态栏位于整个页面的底端，显示幻灯片编号、语言、批注、显示比例等内容。

1.3.3 自定义快速访问工具栏

在PowerPoint 2016中可以对工作界面进行自定义设置。

快速访问工具栏用于放置命令按钮，用户可通过单击此工具栏中的按钮快速启动经常使用的命令。在快速访问工具栏中，默认显示了【保存】【撤消】【恢复撤消】3个按钮。我们可以将其他常用的按钮添加到快速访问工具栏中，以方便使用。

1 单击【快速访问工具栏】右侧的下拉按钮 ，从弹出的下拉列表中选择要添加的选项，例如选择【新建】选项。

2 此时即可在【快速访问工具栏】中看到【新建】按钮已经显示出来。

3 如果用户想要添加的按钮在【快速访问工具栏】的下拉列表中没有，可以在下拉列表中选择【其他命令】选项。

4 弹出【PowerPoint选项】对话框，自动切换到【快速访问工具栏】选项卡，在【从下列位置选择命令】下拉列表中选择【所有命令】选项，然后从下面的列表框中选择【绘制横排文本框】选项，然后单击【添加】按钮 添加(A) >> 。

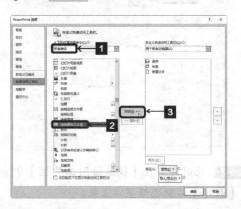

在【快速访问工具栏】中的命令按钮上单击鼠标右键，从弹出的快捷菜单中选择【自定义快速访问工具栏】选项，也可以打开【PowerPoint选项】对话框。

5 此时即可看到【绘制横排文本框】命令已经被添加到右侧的【自定义快速访问工具栏】列表框中了，然后单击【确定】按钮 确定 。

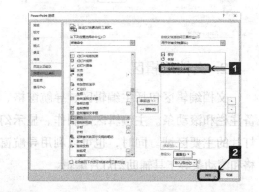

6 此时即可看到【绘制横排文本框】命令按钮已经被添加到快速访问工具栏中。

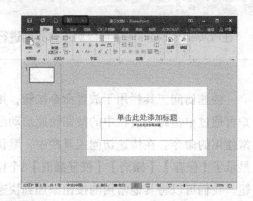

7 【快速访问工具栏】中添加的命令按钮过多时，会显得杂乱不清晰。用户可以用分隔符将各个按钮隔开。打开【PowerPoint选项】对话框，在【从下列位置选择命令】列表框中选择【<分隔符>】选项。

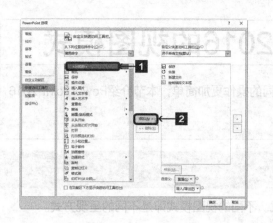

8 单击【添加】按钮，即可看到【保存】选项后面添加了一个分隔符，用户可以按照同样的方法为其他选项后面添加分隔符，效果如图所示。

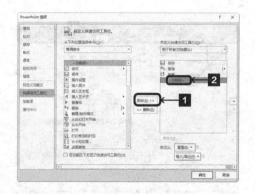

9 单击 确定 按钮，返回演示文稿，即可看到添加了分隔符以后的效果。

10 用户能够添加命令按钮到【快速访问工具栏】，同样地，也可以在不需要的时候将已添加的命令删除。在【快速访问工具栏】中的命令按钮上单击鼠标右键，从弹出的快捷菜单中选择【从快速访问工具栏删除】选项。

11 此时即可将命令按钮删除。用户可以按照同样的方法删除其他不需要的命令按钮，效果如图所示。

1.4 PowerPoint 2016的视图模式

不同的视图模式会使得不同的操作更加简单,本节介绍PowerPoint 2016的演示文稿视图和母版视图。

1.4.1 演示文稿视图

所谓的演示文稿视图,即演示文稿的呈现形式。不同的视图模式即是不同的呈现方式。

	本小节示例文件位置如下。
原始文件	第1章\工作总结与计划.pptx
最终效果	无

1. 普通视图

普通视图是PowerPoint 2016的默认视图模式,是进行幻灯片操作最常用的视图模式。在该视图模式下可以方便地编辑幻灯片的内容,查看幻灯片的布局,调整幻灯片的结构。

打开本实例的原始文件,切换到【视图】选项卡,在【演示文稿视图】组中,即可看到【普通】按钮呈加亮显示。

2. 大纲视图

与PowerPoint 2013版本相同,PowerPoint 2016提供了独立的大纲视图。

大纲视图能够在左侧的幻灯片中显示幻灯片内容的主要标题和大纲,便于用户更好、更快地编辑幻灯片内容。

打开本实例的原始文件,切换到【视图】选项卡,在【演示文稿视图】组中单击【大纲视图】按钮,即可切换到大纲视图模式。

3. 幻灯片浏览视图

利用幻灯片浏览视图可以浏览演示文稿中的幻灯片缩略图,在这种模式下能够方便地对演示文稿的整体结构进行编辑,例如选择幻灯片、创建幻灯片以及删除幻灯片等。

单击【幻灯片浏览】按钮,即可切换到幻灯片浏览视图模式。

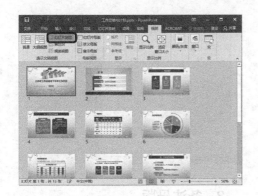

4. 备注页视图

需要展示给观众的内容做在幻灯片里，不需要展示给观众的内容（如话外音、专家与领导指示、与同事同行的交流启发），可以写在备注里面。

打开本实例的原始文件，切换到【视图】选项卡，在【演示文稿视图】组中单击【备注页】按钮  备注页，即可切换到备注页视图模式。

5. 阅读视图

幻灯片阅读视图是用于对演示文稿中的幻灯片进行放映的视图模式，此时不能对幻灯片内容进行编辑和修改。

打开本实例的原始文件，切换到【视图】选项卡，在【演示文稿视图】组中单击【阅读视图】按钮 阅读视图，即可切换到阅读视图模式。

1.4.2 母版视图

母版中包含了可出现在每一张幻灯片上的显示元素，如文本占位符、图片、动作按钮等，使用母版可以方便地统一幻灯片的风格。

使用幻灯片母版的目的是进行全局设置和更改，并使该更改应用到演示文稿中的所有幻灯片上，使得幻灯片具有统一的格式。

1. 幻灯片母版

幻灯片母版控制演示文稿的外观，包括颜色、字体、背景、效果，在幻灯片母版上插入的形状或图片等内容，会显示在所有幻灯片上。

打开本实例的原始文件，切换到【视图】选项卡，在【母版视图】组中，单击【幻灯片母版】按钮 ⊞幻灯片母版 ，即可切换到幻灯片母版视图模式。

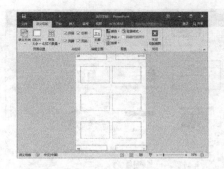

2. 讲义母版

讲义母版用来设置演示文稿打印成讲义时的外观。例如可以进行讲义方向、幻灯片的大小、每页讲义幻灯片数量、页眉和页脚等的设置。

切换到【视图】选项卡，在【母版视图】组中单击【讲义母版】按钮 ⊞讲义母版 ，即可进入讲义母版视图模式。

3. 备注母版

备注母版是统一备注页外观和格式的。

切换到【视图】选项卡，在【母版视图】组中单击【备注母版】按钮 ⊞备注母版 ，即可进入幻灯片母版视图模式。

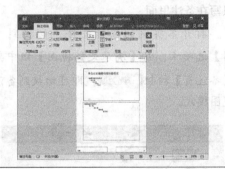

高手过招

使幻灯片适应窗口

1 打开本章的素材文件"工作总结与计划.pptx"，在演示文稿窗口中，单击右下角的【使幻灯片适应当前窗口】按钮 ✛ 。

2 此时演示文稿中的幻灯片会随着窗口的大小变化而变化。

折叠功能区

PowerPoint 2016功能区在带来便利的同时，也占据了整个窗口很大的空间，在制作幻灯片的过程中，可以随时将其折叠或显示出来。

方法1：在任意一个选项卡上双击鼠标左键，即可折叠功能区。再次双击鼠标左键，即可将功能区显示出来。

方法2：按【Ctrl】+【F1】组合键折叠功能区。再按一次【Ctrl】+【F1】组合键，即可将功能区显示出来。

方法3：在功能区的空白区域单击鼠标右键，在弹出的快捷菜单中选择【折叠功能区】选项即可折叠功能区。

方法4：单击功能区右下角的【折叠功能区】按钮 ∧ ，即可折叠功能区。

功能区折叠后的效果如图所示。

快速调节文字大小

在PPT中输入的文字大小不合乎要求或者看起来效果不好，一般情况下，可以通过改变字体、字号加以解决，其实我们有一个更加简便的方法，具体操作步骤如下。

1 切换到第3张幻灯片，选中段落文本，可以看到文本的字号为"14"。

2 按【Ctrl】+【]】组合键即可使选中的字号增大。

3 按【Ctrl】+【[】组合键即可使选中的字号减小。

第2章

PowerPoint 2016的
基本操作

演示文稿是一种图形程序，是一种集文字、图形、图片、图表、多媒体等于一体，功能强大的制作软件。本章主要介绍PowerPoint 2016的基础知识，使用户能够更好地制作演示文稿。

视频链接

关于本章知识，本书配套教学资源中有相关的多媒体教学视频，视频路径为【PowerPoint 2016的设计基础】。

2.1 演示文稿的基本操作

演示文稿，简称PPT，是Office 软件系列重要组件之一，也是常用的办公软件之一。演示文稿的基本操作包括新建演示文稿和保存演示文稿。

2.1.1 新建演示文稿

本小节介绍新建演示文稿的方法。

1. 新建空白演示文稿

启动PowerPoint 2016后，在PowerPoint 2016界面中会提示用户创建演示文稿，用户可以根据需要创建空白演示文稿，或者根据模板创建演示文稿。

1 单击【开始】按钮，在弹出的开始菜单中选择【所有程序】➤【PowerPoint 2016】选项，即可启动PowerPoint 2016程序。

2 启动【PowerPoint 2016】程序后，弹出PowerPoint 欢迎界面，在该界面中选择【空白演示文稿】选项。

3 此时即可创建一个空白的演示文稿，默认文件名为"演示文稿1"。

2. 根据模板创建演示文稿

PowerPoint 2016中自带了很多模板，用户可以根据演示文稿的主题内容选择不同类别的模板，这样既方便快捷，又简单美观。

1 单击【开始】按钮 ■，在弹出的开始菜单中选择【所有程序】▶【PowerPoint 2016】菜单项，即可启动PowerPoint 2016程序。

2 弹出PowerPoint 界面，在该界面右侧的搜索文本框中输入模板关键字，例如输入"教育"，然后单击【开始搜索】按钮 ○。

3 在弹出的【新建】界面中会显示搜索到的模板，此处选择"教育学科演示文稿，黑板插图设计"模板，然后单击鼠标右键，在弹出的快捷菜单中选择【预览】选项。

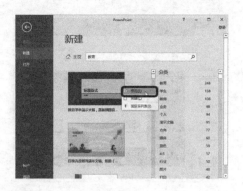

4 此时可以看到该模板的效果，然后单击【创建】按钮 □。

5 下载安装模板后的效果如图所示。

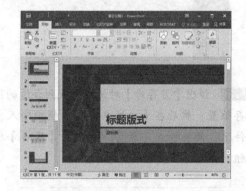

2.1.2 保存演示文稿

演示文稿创建完成后，需要将其保存起来，以方便以后使用。

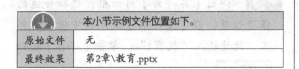

本小节示例文件位置如下。	
原始文件	无
最终效果	第2章\教育.pptx

1. 首次保存演示文稿

1 根据模板创建新的演示文稿后，单击【保存】按钮 ■。

从入门到精通

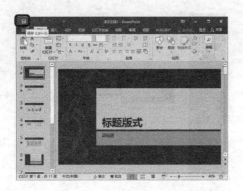

2 从弹出的界面中选择【保存】选项，因为此时为第1次保存演示文稿，所以弹出【另存为】界面，在该界面中单击【这台电脑】选项，然后单击【浏览】按钮 ▣ 浏览 。

2. 另存演示文稿

对于已经保存的演示文稿，如果用户想要更改其名称或者其保存位置，可以对演示文稿进行另存为操作，具体步骤如下。

1 在演示文稿"教育.pptx"中，单击【文件】按钮 文件 。

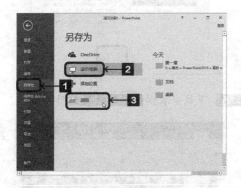

3 弹出【另存为】对话框，找到合适的保存位置，然后在【文件名】文本框中输入文件名，此处输入"教育"，单击【保存】按钮，即可将下载的模板保存。

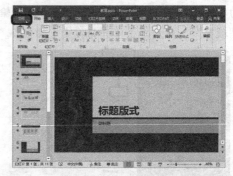

2 在弹出的界面中选择【另存为】选项，在另存为界面中双击【这台电脑】选项。

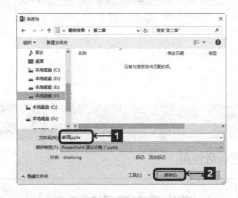

4 效果如图所示。

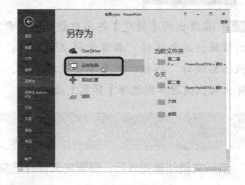

3 弹出【另存为】对话框，选择合适的保存位置，在【文件名】文本框中输入文件名，此处输入"教育1"，单击【保存】按钮 保存(S) 。

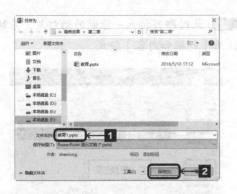

4 即可看到演示文稿的名称已经改变。

3. 保存类型

演示文稿编辑完成后，我们习惯将其保存为默认类型，例如PowerPoint 2016默认保存类型为"PowerPoint演示文稿（*.pptx）"。实际上PowerPoint 2016共包含28种不同的保存类型，例如PowerPoint 97-2003演示文稿（*.ppt）、PDF（*.pdf）等。用户可以根据需要将其保存为不同的类型，方便使用。

2.2 幻灯片的基本操作

本节主要介绍幻灯片的基本操作，包括添加幻灯片、删除幻灯片、移动幻灯片、复制幻灯片和隐藏幻灯片。

2.2.1 添加幻灯片

在演示文稿中添加幻灯片的方法是灵活多样的，下面介绍3种常用方法。

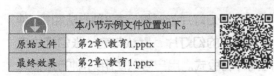

本小节示例文件位置如下。	
原始文件	第2章\教育1.pptx
最终效果	第2章\教育1.pptx

1. 使用【幻灯片】组

1 打开本实例的原始文件，选中需要插入幻灯片的前一张幻灯片，例如要在第2张幻灯片后面插入新幻灯片，此时选中第2张幻灯片，切换到【开始】选项卡，在【幻灯片】

组中单击【新建幻灯片】按钮 的下半部分按钮。

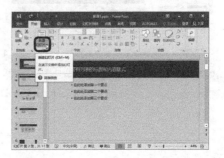

2 在弹出的下拉列表中选择一种合适的版式，例如选择【标题和内容】选项。

3 此时即可在第2张幻灯片的后面插入一张【标题和内容】版式的幻灯片。

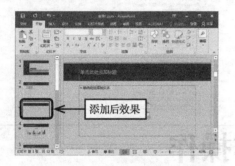

2. 使用鼠标右键

1 打开本实例的原始文件，在导航窗格中选中第2张幻灯片，单击鼠标右键，在弹出的快捷菜单中选择【新建幻灯片】选项。

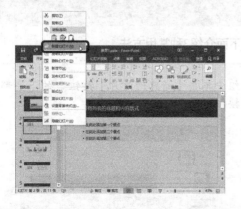

2 此时即可插入一张新的幻灯片，系统默认为【标题和内容】版式。

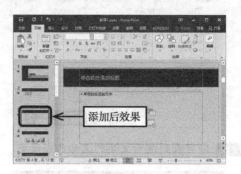

3. 使用快捷键

使用快捷键新建幻灯片的方法既快捷又简单。在导航窗格中选中第9张幻灯片，按【Ctrl】+【M】组合键或【Enter】键，即可插入一张与第9张幻灯片版式一致的幻灯片。

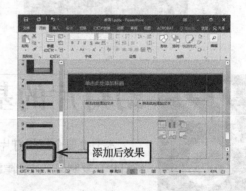

| 提示 | ::::::::

添加幻灯片的时候，第2种方法和第3种方法添加的幻灯片，默认与前一张幻灯片应用同样的版式。用户可以使用第1种方法插入不同版式的幻灯片。

2.2.2 删除幻灯片

如果演示文稿中存在不需要的幻灯片，可以将其删除。

本小节示例文件位置如下。	
原始文件	第2章\教育1.pptx
最终效果	第2章\教育1.pptx

1. 使用鼠标右键

1 选中需要删除的幻灯片，例如选中第3张，单击鼠标右键，从弹出的快捷菜单中选择【删除幻灯片】选项。

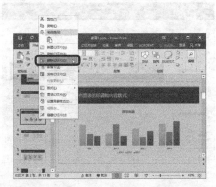

2 即可看到第3张幻灯片已经被删除。

2. 使用快捷键

与添加幻灯片相同，删除幻灯片时也可以使用快捷键。

选中需要删除的幻灯片，例如选中第3张幻灯片，按【Backspace】键或者【Delete】键，即可将幻灯片删除。

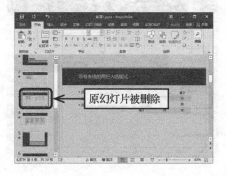

2.2.3 移动幻灯片

在制作幻灯片的时候，有时需要移动幻灯片。

本小节示例文件位置如下。	
原始文件	第2章\教育2.pptx
最终效果	第2章\教育2.pptx

1. 鼠标拖动法

1 打开本实例的原始文件，在导航窗格中选中第2张幻灯片，按住鼠标左键不放，拖动鼠标。

2 把幻灯片拖动到合适的位置后释放鼠标左键，即可将幻灯片移动到目标位置。

移动后效果

2. 快捷键法

1 打开本实例的原始文件，选中第5张幻灯片，然后按【Ctrl】+【X】组合键，进行剪切。

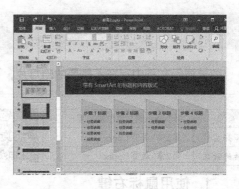

2 选中第10张幻灯片，按【Ctrl】+【V】组合键，即可将第5张幻灯片移动到第10张幻灯片之后。

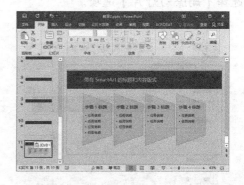

2.2.4 复制幻灯片

当用户要添加的幻灯片与上一张幻灯片的内容基本相同时，可以复制此幻灯片，在此基础上再编辑新幻灯片。

本小节示例文件位置如下。	
原始文件	第2章\教育3.pptx
最终效果	第2章\教育3.pptx

1. 复制相邻幻灯片

1 打开本实例的原始文件，选中需要复制的幻灯片，单击鼠标右键，在弹出的快捷菜单中选择【复制幻灯片】选项。

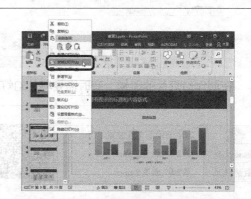

2 即可在该幻灯片下方复制一张相同的幻灯片，效果如图所示。

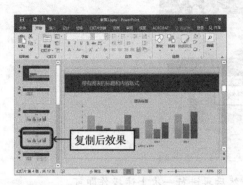

2. 复制相隔幻灯片

1 选中需要复制的第2张幻灯片，按【Ctrl】+【C】组合键进行复制。

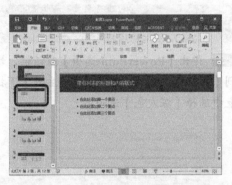

2 选中第3张幻灯片，按【Ctrl】+【V】组合键，即可在第3张幻灯片后面复制一张与第2张幻灯片相同的幻灯片。

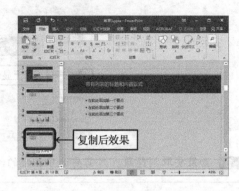

2.2.5 隐藏幻灯片

当用户不想演示文稿中的某些幻灯片时，可以将其隐藏起来。

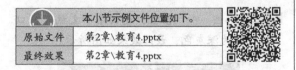

本小节示例文件位置如下。	
原始文件	第2章\教育4.pptx
最终效果	第2章\教育4.pptx

1 打开本实例的原始文件，选中第3张幻灯片，单击鼠标右键，在弹出的快捷菜单中选择【隐藏幻灯片】选项。

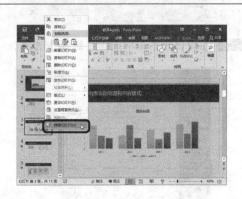

2 在该幻灯片的标号上会显示一条删除斜线，表明该幻灯片已经被隐藏。

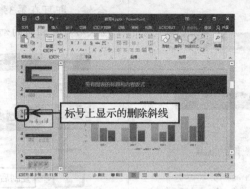

标号上显示的删除斜线

3 如果要取消隐藏，只需要选中相应的幻灯片，然后再进行一次上述操作即可。

高手过招

更改PPT窗口的颜色

在PowerPoint 2016中，用户可以把窗口的颜色更改为自己喜欢的颜色。

1 打开本实例的原始文件，单击【文件】按钮 文件 。

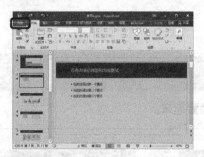

2 在弹出的界面中选择【选项】选项。

3 弹出【PowerPoint选项】对话框，切换到【常规】选项卡，在【Office主题】下拉列表中选择【深灰色】选项。

4 单击 确定 按钮，返回演示文稿，窗口颜色变为深灰色，最终效果如图所示。

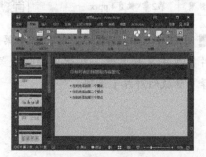

第3章

PPT 设计基础

想要制作出优秀的PPT，不仅仅需要依靠技术，而且还需要独特的创意和理念，了解相关的设计基础知识。

3.1 PPT高手的设计理念

专业的PPT通常通过结构化的思维和形象化的表达，使观众有好的视觉体验。

3.1.1 PPT的通病

在设计和使用PPT时，你是否会遇到这样或那样的问题？为什么我的PPT就那么不尽如人意呢？面对这样的问题，你是否进行了如下思考？

1. PPT为什么做不好

为什么我的PPT做不好？不是因为没有漂亮的图片，不是因为没有合适的模板，关键在于没有理解PPT的理念！

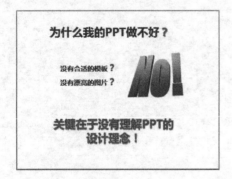

2. PPT常见通病

在PPT的设计过程中，有人为了节约时间直接把Word文档中的内容复制到PPT上，而没有提炼；有人在幻灯片的每个角落都堆积了大量的图表，却没有说明这些数据反映了哪些发展趋势；有人看到漂亮的模板，就用到了幻灯片中，却没有考虑和自己的主题是否相符……

这些PPT通病，势必会造成演讲者和观众之间的沟通障碍，让观众看不懂、没兴趣、没印象。

3.1.2 了解PPT

制作PPT之前，我们首先要了解什么是PPT、制作PPT的目的以及其构成要素。

1. PPT是什么

简单来说，PPT是可视化、多媒体化的演示工具，是一种交流媒介。

好的PPT应该是思路清晰、逻辑明确，并且重点突出、观点鲜明、内容简洁的，为了吸引观众，最好还生动形象。

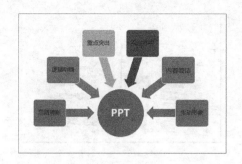

2. PPT的用途

近年来，中国的PPT应用水平逐步提高，应用领域越来越广。PPT正成为人们工作的重要组成部分，在工作汇报、企业宣传、产品推介、婚礼庆典、项目竞标、管理咨询、论文答辩等场景发挥重大的作用。

3. 制作PPT的目的

PPT应用领域广泛，每天都有很多学生、职场人士在使用PPT。在众多的PPT中，只有观众看得懂、有兴趣、有印象的PPT才是好的PPT。从根本上说，使用PPT的目的是突出主题、传递信息、与观众建立有效的沟通。

3.1.3 PPT的设计技巧

好的幻灯片总是让人眼前一亮，既清晰、美观，又贴切、实用。当然，这是因为好的幻灯片遵循了PPT设计的基本原则。

1. 遵循PPT制作流程

想要制作出优秀的PPT，并不是直接打开PowerPoint软件就开始进行制作。在实际操作之前，首先要对PPT的主题内容进行构思，拟好大纲，设计好内容的逻辑结构，搜集素材，做好一系列准备工作之后，再进行PPT的制作、美化。

如果是由现成的文字内容转制PPT，则要对文字进行提炼，使之精简化、层次化、框架化。

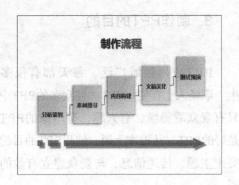

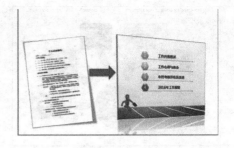

2. 了解观众需求

在制作PPT的过程中，需要了解观众最关心的问题，哪些内容是非讲不可的，哪些内容是可以省略的。过多的文字会给观众造成"看"的信息负担，反而影响听的效率；相反，过于简陋的文字，也会影响观众有效地理解和掌握PPT的内容。所以简洁明了、突出主题成了制作PPT的首要原则。

3. PPT三大原则

在PPT的制作过程中，无论是文字、图片，还是表格、图表，都必须遵循有逻辑、清晰、有重点三大原则。

3.2 幻灯片布局原则

在编辑幻灯片时，布局是指文本、图形、图片等的位置，页边距大小，每页内容的段落数，每个段落的标题和文本的位置等。

3.2.1 幻灯片布局的几个基本要素

制作幻灯片时，可以通过标尺、网格、参考线、页边距这几个方面调整幻灯片布局。

1. 标尺

围绕幻灯片窗格的垂直和水平标尺，可用于细致地计算段落、文字或者图形的位置，可以帮助我们更准确地放置对象。

无论处理的是哪种类型的内容，标尺都有助于定位，在文本框中编辑文本时，标尺还具有其他用途。水平标尺会显示文本框的段落缩进和任何自定义制表位，可拖动标尺上的缩进标记进行操作。

打开演示文稿，切换到【视图】选项卡，在【显示】组中，选中【标尺】复选框，即可显示出标尺。

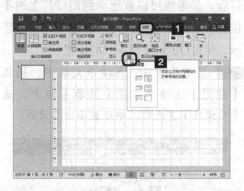

2 改变网格的密集程度。切换到【视图】选项卡，单击【显示】组右下角的【对话框启动器】按钮。

2. 网格

网格线是不会打印出来的虚线，这些线之间的间距是相同的，网格线有助于排列一张幻灯片上的对象。

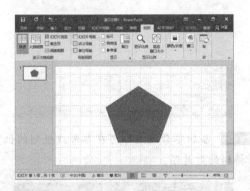

1 新建一个空白演示文稿，切换到【视图】选项卡，在【显示】组中，选中【网格线】复选框，即可显示网格。

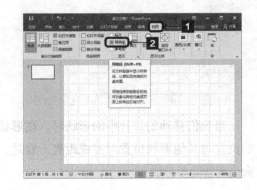

3 弹出【网格和参考线】对话框，在【间距】下拉列表中选择一种合适的选项即可。例如选择【每厘米6个网格】选项。

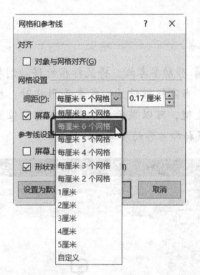

4 单击 确定 按钮，返回幻灯片中即可。

提示

每厘米几个网格就代表了网格的密集程度。每厘米划分的网格数越多，那么网格越密集，可以方便用户更精确地排列幻灯片元素。

3. 参考线

参考线类似于网格线，主要用于页面排版，参考线可以被拖动到幻灯片上的不同位置。在拖动参考线时，会出现一个数字指示，使用户能够了解标尺的位置。

1 显示参考线。在演示文稿中，切换到【视图】选项卡，在【显示】组中，选中【参考线】复选框，即可显示出参考线。

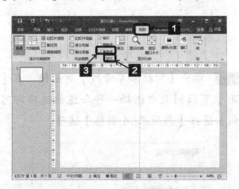

2 移动参考线。将鼠标指针移动到参考线上，当鼠标指针呈 或者 形状时，按下鼠标左键，可以显示出参考线当前的位置，拖动鼠标即可移动参考线的位置。

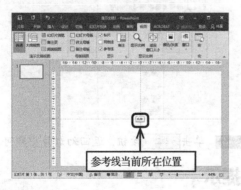

参考线当前所在位置

3 添加参考线。在参考线上，单击鼠标右键，从弹出的快捷菜单中选择【添加水平参考线】选项或者【添加垂直参考线】选项。

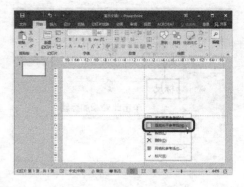

4 即可添加参考线，移动参考线的位置，效果如图所示。

5 添加参考线后即可在参考线规划的位置排列幻灯片了。

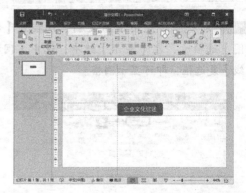

当我们移动幻灯片中的形状时，在形状的位置与其他形状位置对齐或距离一致时，会出现智能参考线。

4. 页边距

页边距是指幻灯片上、下、左、右4边与文本或图像之间的空白空间。在幻灯片中，页边距是提供视觉舒适感的一个重要因素。在制作幻灯片时，不要使文本和图像充满整个页面，而应该留下适当的页边距。就像我们用田字格学写字时，要遵循"上留天，下留地，左右要留边"，把字写在田字格的中间，而非充满整个田字格。

3.2.2 幻灯片布局的6项原则

幻灯片的最终目的是把发表者设定的内容正确地传达给观众。在设计幻灯片布局时应遵循以下6项原则。

在制作幻灯片时，遵循一定的原则，就会使得幻灯片布局合理、美观。本节介绍布局幻灯片的6个原则。

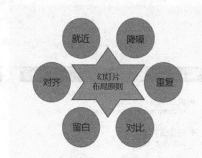

1. 对齐原则

对齐是各个幻灯片对象间的对齐，包括段落间距对齐、图文排版对齐、表格正文对齐、页面标题对齐、文本框与图片对齐、图片与图片对齐等。

对齐就是要使幻灯片中的元素排列整齐、有条理。

2. 就近原则

就近原则就需要时刻注意相关内容是否靠近，无关内容是否分离，图片文字是否协调，段落层次是否分明。

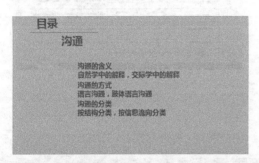

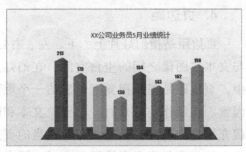

4. 重复原则

重复原则是指幻灯片中相同类型的元素要有一致的模板、一致的版式、一致的字体、一致的配色等内容，使幻灯片整体清晰、整齐、美观。例如，标题与标题的字体、字号、颜色一致，正文与正文的字体、字号、颜色一致等。

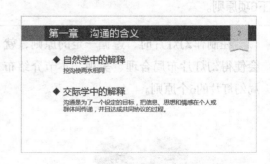

3. 降噪原则

删除多余的背景，删除多余的文字，删除多余的颜色，删除多余的动画等，使幻灯片简洁、大方。

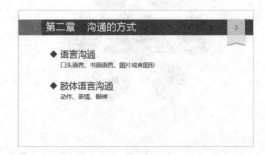

5. 对比原则

对比原则是指通过突出颜色、对比颜色、加大字号来突出幻灯片的重点。

6. 留白原则

留白原则是指在幻灯片中留下一定的空白区域，这样可以扩张页面，减轻压迫感，使观众更容易聚焦，大脑得到思考。

高手过招

显示智能向导

在前面我们提到PowerPoint 2016的智能向导功能。下面介绍怎样显示智能向导。

1 切换到【视图】选项卡，在【显示】组中单击右下角的【对话框启动器】按钮。

2 弹出【网格和参考线】对话框，选中【形状对齐时显示智能向导】复选框，然后单击 确定 按钮即可。

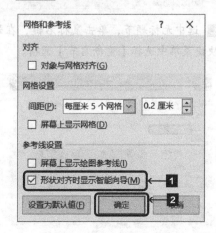

为演示文稿设置节

PowerPoint 2016为用户提供了"节"功能。使用该功能，用户可以快速为演示文稿分节，使其更具层次性。

1 打开本实例的素材文件"产品营销案例.pptx"，在演示文稿中选中第1张幻灯片，切换到【开始】选项卡，在【幻灯片】组中单击【节】按钮，在弹出的下拉列表中选择【新增节】选项。

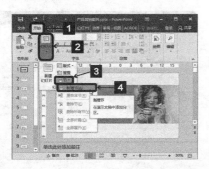

2 随即在选中的幻灯片的上方添加了一个无标题节。

3 选中无标题节，单击鼠标右键，在弹出的快捷菜单中选择【重命名节】选项。

4 弹出【重命名节】对话框，在【节名称】文本框中输入"封面"。

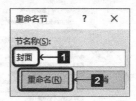

5 单击 重命名(R) 按钮即可完成节的重命名。

6 使用同样的方法，添加"目录""正文"和"封底"等节即可。

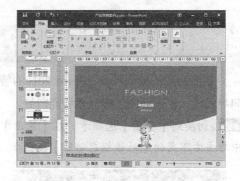

第4章

文本的输入与编辑

本章主要介绍如何在PowerPoint 2016中输入和编辑文字、设置段落格式、添加项目符号和编号以及插入艺术字。

关于本章知识，本书配套教学资源中有相关的多媒体教学视频，视频路径为【编辑幻灯片\文本的输入与编辑】。

4.1 文字的设计与排版

在幻灯片中，文字的排版是一种表现形式。文字不容易辨认和理解，尤其是文字较多时，文字的优化和排版就显得非常重要。

4.1.1 突出显示主题

幻灯片中的文字过多时，就需要我们提炼主题，使内容层次清晰。

从演讲的角度来讲，幻灯片不是演示的主角，观众才是真正的主角。

文字过多，会导致字体减小，使观众无法了解、看清其中的主要内容，降低人们的兴趣和注意力。

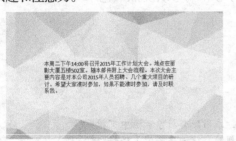

幻灯片仅仅是用来帮助倾听、传递信息的，不宜过于繁杂，繁杂只会使幻灯片的效果大打折扣，所以做幻灯片时应当力求简洁。

对于文字过多的幻灯片，可以找到段与段之间、句与句之间、词与词之间的逻辑关系，分清重点与非重点，保留重点内容，并尽量用简短的句子来表现重点内容。

将会议通知的内容分条列出，效果如下图所示。

4.1.2 突出显示文字

为了让幻灯片更具视觉化效果，可以通过改变字体、字号、字体颜色的方法来实现。

在整个幻灯片中，使用同样的字体、字号和字体颜色，往往不能突出文本内容的重点，使幻灯片显得平淡无奇。

改变字体、字号，会使文字看起来更加醒目。

突出关键的常用方法如下。

加大字号：中文字体至少要加大2~4级字号才能起到突出文字的作用。

变色：颜色是最常用的突出方式。

反衬：反衬也是很有效的方式。

改变字体：例如把宋体改为微软雅黑。

4.1.3 改变文本布局

好的布局会使文本变得更加生动有趣。

工作型的幻灯片，其特点之一是文字多。像下图这样的文字罗列，显得枯燥无味，观众也不能很好地看到每个条例，但是我们又不能删除。

此时，合理的排版布局就显得非常重要。

4.2 输入普通文本

文字是演示文稿的重要组成部分，一个直观明了的演示文稿少不了必要的文字说明。

4.2.1 使用占位符输入文本

文本是演示文稿内容中最基本的元素，每一张幻灯片或多或少都会有一些文字信息，人们也经常利用幻灯片中的文本来表达自己的观点和思想。

	本小节示例文件位置如下。
原始文件	无
最终效果	第4章\企业战略管理.pptx

占位符是指先占住一个固定的位置再往里面添加内容的符号。

在幻灯片中，占位符变现为一个虚框，虚框内部往往有"单击此处添加标题"之类的提示语。

1 新建一个空白演示文稿，将其重命名为"企业战略管理"。

2 在空白的幻灯片中的【单击此处添加标题】占位符中单击鼠标左键，此时光标定位到该占位符中。

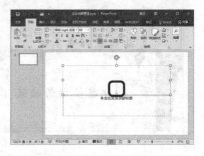

3 在占位符中输入文本，此处输入"企业战略管理"。

4.2.2 使用文本框输入文本

除了使用占位符的方式输入文本，还可以使用文本框的方式输入。

	本小节示例文件位置如下。
原始文件	第4章\企业战略管理.pptx
最终效果	第4章\企业战略管理.pptx

幻灯片中的占位符的默认位置是固定的，而且占位符的个数是有限的。用户想要在幻灯片的其他位置输入文本时，可以通过插入文本框的方法实现。

1 在【幻灯片】组中单击【新建幻灯片】按钮的下半部分按钮。

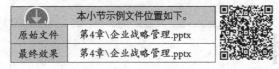

2 在弹出的【Office主题】列表框中选择【空白】版式，即可插入一张空白幻灯片。

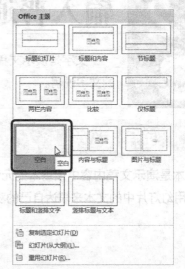

3 插入竖排文本框。在插入的空白幻灯片中，切换到【插入】选项卡，在【文本】组中，单击【文本框】按钮的下半部分按钮，从弹出的下拉列表中选择【竖排文本框】选项。

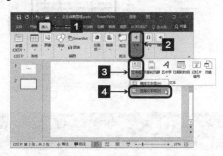

4 将鼠标指针移动到幻灯片的编辑区域，此时鼠标指针变为↙形状。

5 按住鼠标左键不放，拖动鼠标。

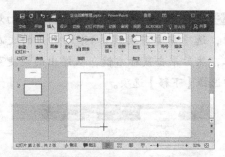

6 拖动到合适的位置后释放鼠标左键，即可绘制一个竖排文本框。

7 在文本框中输入文本内容，此处输入【企业战略概述】。

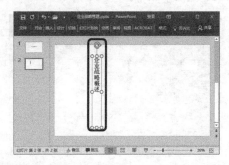

8 插入横排文本框。切换到【插入】选项卡，在【文本】组中单击【文本框】按钮的下半部分按钮，在弹出的下拉列表中选择【横排文本框】选项。

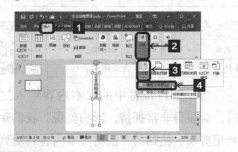

9 将鼠标指针移动到幻灯片的编辑区域，此时鼠标指针变为↓形状。

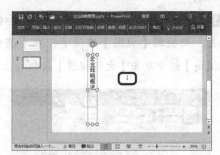

10 按住鼠标左键不放，拖动鼠标即可绘制一个文本框。

11 绘制完毕，释放鼠标左键不放，光标自动定位到文本框中。

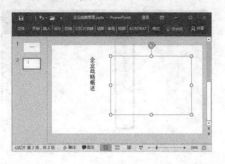

12 在文本框中输入文本，即可看到输入的文本横排显示在绘制的文本框中。

4.2.3 占位符的妙用

将占位符中的文本内容分割到两张幻灯片中。

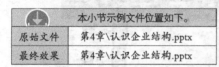

	本小节示例文件位置如下。
原始文件	第4章\认识企业结构.pptx
最终效果	第4章\认识企业结构.pptx

当一个占位符中的文本内容输入过多时，会显得非常拥挤，影响美观。我们除了利用剪切、粘贴的方法将文本内容移动到另一张幻灯片中，还可以在大纲视图中进行文本移动。

1 打开本实例的原始文件，选中第3张幻灯片，切换到【视图】选项卡，在【演示文稿视图】组中单击【大纲视图】按钮。

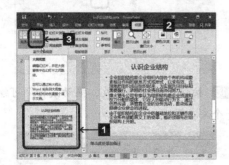

2 切换到【大纲视图】以后，在第3张幻灯片上单击鼠标右键，从弹出的快捷菜单中选择【新建幻灯片】选项。

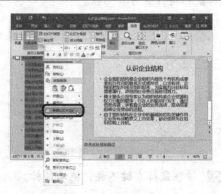

3 即可新建一张幻灯片，在第3张幻灯片中，选中需要移动到第4张幻灯片的文本内容，然后单击鼠标右键，从弹出的快捷菜单中选择【下移】选项。

4 即可将选中的内容移到下一张幻灯片中。

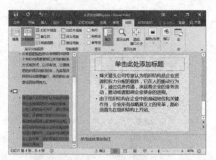

提示

文本框中的内容是不显示在大纲视图中的。

4.2.4 设置文本框

在4.2.2小节我们学习了使用文本框输入文本的方法。本节介绍复制、删除、设置文本框的样式等内容。

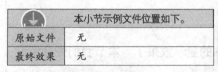

本小节示例文件位置如下。	
原始文件	无
最终效果	无

1. 复制文本框

复制文本框最简单的方法就是快捷键法。单击文本框的边框，使文本框处于选中状态，按【Ctrl】+【C】组合键复制，然后按【Ctrl】+【V】组合键粘贴即可。

2. 删除文本框

单击文本框的边框，使文本框处于选中状态，然后按【Delete】键即可。

提示

在选择文本框时，应确保指针在文本框的边框上，而不是在文本框的内部，否则，按【Delete】键后，复制的是文本框中文字的内容，而不是文本框。

3. 设置文本框格式

1 选中一个文本框，单击鼠标右键，从弹出的快捷菜单中选择【设置形状格式】选项。

2 弹出【设置形状格式】任务窗格，在【形状选项】选项卡中，单击【填充线条】按钮，即可设置文本框的背景填充和线条格式。

3　单击【效果】按钮 ◇，即可在这里设置文本框的不同显示效果。

4　单击【大小属相】按钮 📧，即可在这里设置文本框的大小和位置属性。

4.3 设置字体格式

　　文本输入完成以后，就可以设置文本的显示效果了。本节我们先介绍设置文本字体格式的方法。

4.3.1 字体选择技巧

本小节先介绍字体、字号、字体颜色的选择技巧。

1. 下载安装新字体

○ 常见字体

　　PowerPoint 2016 的默认中文字体是宋体，推荐使用微软雅黑字体。

　　宋体：字形方正，结构严谨，精致细腻，显示清晰，适合正文。

　　楷体：字体经典，具有很强的文化气质，是文化感和传统色彩的结合。在PPT中，主要用于内文的书写和部分标题的使用。

　　黑体：字形庄重，突出醒目，具有现代感，适合PPT标题。

　　微软雅黑：字体圆润，清晰舒爽，适合标题或正文。

　　隶书：字形秀美，历史悠久，艺术感强，并不适合用在PPT中。

　　PowerPoint 2016的默认英文字体是Calibri，推荐使用Times New Roman或Arial字体。

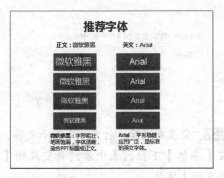

○ 查找字体

在Windows操作系统中默认安装的字体是有限的，要使PPT的字体应用更加丰富，我们可以安装新的字体。下面介绍几个比较常用的查找字体的网站。

"找字网"就是一个分享字体的网站。例如叶根友系列、方正系列、锐黑系列都可以在找字网上找到。

方正字库是中国最早从事中文字库开发的专业厂商，并已发展成为最大的中文字库产品供应商之一，方正字库中有很多中文字体供我们下载使用。

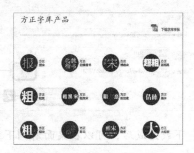

○ 下载新字体

1 在"找字网"首页的【搜索】文本框中输入要下载的字体，例如输入【腾祥麦黑】，然后单击【立即搜索】按钮。

2 在弹出的搜索结果界面中单击【下载】按钮。

3 弹出【文件下载】界面，在此界面中显示了要下载的文件的大小、下载次数及下载地址，此时用户可以选择一个合适的下载地址并单击，例如单击【下载地址1】。

4 弹出【新建下载任务】对话框，默认的下载地址为桌面，用户可以单击【浏览】按钮 浏览 ，选择下载到计算机的其他位置，此处保持默认不变，然后单击【下载】按钮。

5 下载完成后，可以在桌面看到下载的文件。

◐ 安装新字体

新字体下载完成后就可以安装了，安装新字体的具体操作步骤如下。

1 在下载的腾祥麦黑简体字体文件上单击鼠标右键，在弹出的快捷菜单中选择【安装】选项。

2 随即弹出【正在安装字体】对话框，表示字体正在安装。

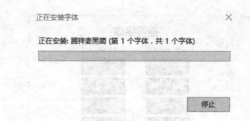

3 安装完成后，打开一个演示文稿，可以在【字体】下拉列表中看到新安装的【腾祥麦黑简】字体。

2. 字号的选择

改变文字的大小，可以突出重要的文字，甚至会影响观众对信息的判断。

例如下图中相同的一段话，改变字号和字体颜色，在突出显示的同时，也使两段话的侧重点发生了改变。

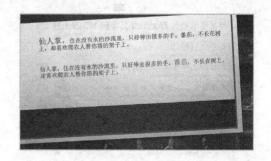

演示文稿的字体虽不能太大但也不宜过小，用于演示的PPT中最小字体不要小于18号，用于阅读的PPT中最小字体不小于12号。

字号合适就好！

标题或正文的字号不宜过大，也不宜过小，大小合适即可。

一级标题	36号
二级标题	32号
三级标题	28号
四级标题	24号
正文字体	20号
正文字体	18号

○ **字体颜色选择**

字体的颜色既要看上去舒适美观，又要与演示文稿的主题相搭配。

下图显示了几种比较常见的背景色和文字颜色的组合。

背景色与文字颜色的最佳组合

黑底白字　黄底紫字　红底蓝绿字

白底黑字　紫底黄字　黄绿底红字

六组最佳组合

4.3.2 设置文本字体格式

在上一小节学习了字体、字号的选择技巧，下面就开始动手设置字体、字号和字体颜色了。

	本小节示例文件位置如下。
原始文件	第4章\市场价值.pptx
最终效果	第4章\市场价值.pptx

1. 利用下拉列表设置字体

1 打开本实例的原始文件，选中需要设置字体格式的文本。

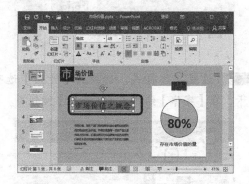

2 设置字体。切换到【开始】选项卡，在【字体】下拉列表中选择一种合适的字体，例如选择【方正大黑简体】选项。

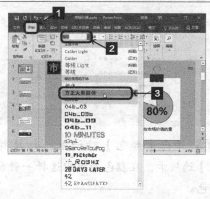

3 设置字号。切换到【开始】选项卡，在【字号】下拉列表中选择一种合适的字号，例如选择【48】选项。

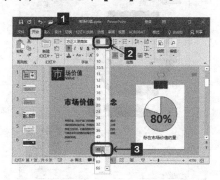

4 设置字体颜色。切换到【开始】选项卡，在【字体】组中单击【字体颜色】按钮 右侧的下三角按钮 ，在弹出的下拉列表中选择一种合适的颜色，例如选择【蓝色】选项。

5 如果此处没有合适的颜色，用户可以选择【其他颜色】选项。

6 弹出【颜色】对话框，切换到【标准】选项卡，在颜色面板中选择一种合适的颜色。

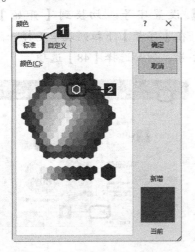

7 如果在【标准】选项卡下的颜色面板中没有找到合适的颜色，用户可以切换到【自定义】选项卡，在【颜色模式】下拉列表中选择【RGB】选项，在【红色】【绿色】【蓝色】微调框中输入合适的数值。

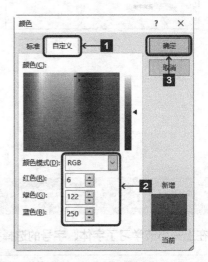

8 设置完毕，单击 确定 按钮，返回幻灯片中即可看到设置效果。

9 设置字体样式。切换到【开始】选项卡，在【字体】组中单击【加粗】按钮 B 。

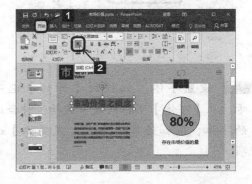

10 设置文本字体格式后的最终效果如图所示。

2. 使用对话框设置字体

在PPT中用户除了可以使用下拉列表设置字体外，还可以使用对话框设置字体。

1 打开本实例的原始文件，选中需要进行字体设置的文本，切换到【开始】选项卡，单击【字体】组右下角的【对话框启动器】按钮。

2 弹出【字体】对话框，在【中文字体】下拉列表中选择【微软雅黑】选项，在【字体样式】下拉列表中选择【常规】选项，在【大小】微调框中输入【26】，然后单击【字体颜色】按钮，在弹出的下拉列表中选择一种合适的颜色。

3 设置完毕，单击【确定】按钮，返回幻灯片中即可看到设置效果。

4 此时可以看到为了适应字体大小，文本框的大小发生了改变，使得一小部分汉字与幻灯片中的图形重合，所以需要调整文本框的大小。将鼠标指针移动到文本框的右下角，当鼠标指针呈十字形＋时，按住鼠标左键，拖动鼠标。

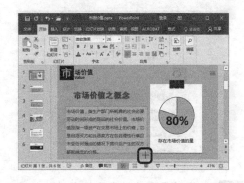

5 拖动到合适的位置后，释放鼠标左键，最终效果如图所示。

3. 使用格式刷设置字体

在PPT中用户还可以使用格式刷快速设置字体。

1 打开本实例的原始文件，选中已经设置好字体格式的文本，切换到【开始】选项卡，在【剪贴板】组中，单击【格式刷】按钮。

2 此时鼠标指针呈 形状显示。

3 切换到需要设置字体格式的幻灯片，选中需要设置格式的文本，即可将选中的文本设置为需要的格式。

4. 设置艺术字格式

在幻灯片中，有时候无论我们如何改变字体、大小及颜色，仍然觉得某些文本不够抢眼。怎样可以使幻灯片中的文字更突出呢？下面就讲解如何设置幻灯片中文本的艺术字格式，使其更加醒目。

1 打开本实例的原始文件，选中需要设置艺术字的文本框，切换到【绘图工具】工具栏的【格式】选项卡，在【艺术字】组中单击【快速样式】按钮，在弹出的下拉列表中选择一种合适的样式。

2 返回幻灯片，效果如图所示。

5. 保存时嵌入字体

如果幻灯片中使用了系统自带字体以外的特殊字体，当把PPT文档保存并发送到其他电脑上浏览时，如果对方的电脑系统中没有安装这种特殊字体，那么这些文字将会失去原有的字体样式，并自动以当前系统中的默认字体样式来替代。如果用户希望幻灯片中所使用到的字体无论在哪里都能正常显示原有样式，可以使用嵌入字体的方式来保存PPT文档。

1 打开本实例的原始文件，单击 文件 按钮。

2 在弹出的界面中选择【另存为】选项。

3 在弹出的【另存为】界面中双击【这台电脑】选项。

4 弹出【另存为】对话框，在【保存位置】下拉列表中选择合适的保存位置，然后单击 工具(L) ▼ 按钮，在弹出的下拉列表中选择【保存选项】选项。

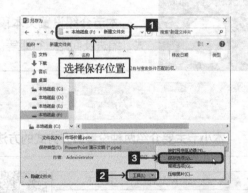

5 弹出【PowerPoint选项】对话框，系统自动切换到【保存】选项卡，在【共享此演示文稿时保持保真度】组中选中【将字体嵌入文件】复选框。

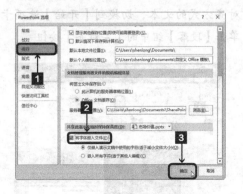

6 单击 确定 按钮，返回【另存为】对话框。

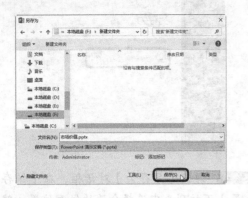

7 单击 保存(S) 按钮，将PPT文档保存即可。

提示

【嵌入所有字符】：嵌入了所有的字体，产生的文件非常大，在任何电脑中都能观看和编辑。

4.4 设置段落格式

本节介绍设置文本段落格式的知识。段落格式的设置主要包括对齐方式、缩进及间距、行距等。

4.4.1 设置对齐方式

本小节主要介绍两种设置对齐方式的方法。

 本小节示例文件位置如下。

原始文件	第4章\商业计划.pptx
最终效果	第4章\商业计划.pptx

1. 使用对齐按钮对齐

1 打开本实例的原始文件，选中需要设置对齐方式的文本，切换到【开始】选项卡，单击【段落】组中的【左对齐】按钮 。

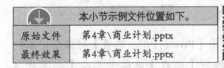

2 效果如图所示。

提示

这里设置文本对齐是文本相对于文本框或者占位符来对齐的。

2. 使用段落对话框对齐

1 选中需要设置对齐方式的文本，切换到【开始】选项卡，单击【段落】组中右下角的【对话框启动器】按钮。

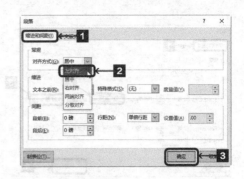

2 弹出【段落】对话框，切换到【缩进和间距】选项卡，在【对齐方式】下拉列表中选择【左对齐】选项。

3 单击 **确定** 按钮，返回幻灯片中，设置了左对齐后的效果如图所示。

4.4.2 设置段落缩进

段落缩进是指段落中的行相对于页面的位置。段落缩进包括首行缩进、悬挂缩进、文本缩进3种。下面介绍设置3种缩进的方法。

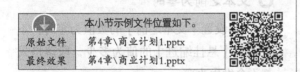

本小节示例文件位置如下。	
原始文件	第4章\商业计划1.pptx
最终效果	第4章\商业计划1.pptx

1. 首行缩进

1 打开本实例的原始文件，在第3张幻灯片中选中需要设置首行缩进的文本，切换到【开始】选项卡，单击【段落】组右下角的【对话框启动器】按钮。

2 弹出【段落】对话框，切换到【缩进和间距】选项卡，在【缩进】组合框中的【特殊格式】下拉列表中选择【首行缩进】选项，然后在【度量值】微调框中输入缩进数值。

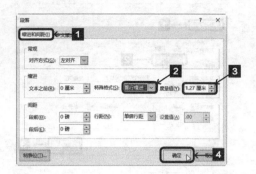

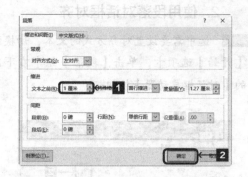

3 单击 确定 按钮，返回幻灯片中，效果如图所示。

2 单击 确定 按钮，返回幻灯片中，即可看到文本向右移动1厘米。

3. 悬挂缩进

悬挂缩进是相对于首行缩进而言的，是指段落的首行文本不加改变，而除首行以外的文本缩进一定的距离。

2. 文本缩进

未设置文本缩进格式时，文本在文本框中是紧靠着文本框四边的。

○ 文本之前为零时

当设置【文本之前】的数值为零时，不管设置【悬挂缩进】的值为多少，段落格式都不会发生改变。

例如，当设置【文本之前】的值为【0厘米】，【悬挂缩进】的值为【1厘米】时，效果如下图所示。

1 选中需要设置文本缩进的文本，按照前面介绍的方法，打开【段落】对话框，切换到【缩进和间距】选项卡，在【缩进】组合框中的【文本之前】微调框中输入【1厘米】。

○ **文本之前大于悬挂缩进时**

当【文本之前】设置的数值大于【悬挂缩进】的数值时，段落文本首先按照【文本之前】的数值向右移动，段落文本的首行按照【文本之前】的数值向右缩进。

当设置【文本之前】的值为【1.5厘米】，【悬挂缩进】的值为【1厘米】时，效果如下图所示。

○ **文本之前等于悬挂缩进时**

当【文本之前】设置的数值等于【悬挂缩进】的数值时，段落文本的首行与文本框相邻，但是段落文本的其他行按照【文本之前】的数值向右缩进。

例如，设置【文本之前】的值为【1厘米】，【悬挂缩进】的值为【1厘米】时，效果如下图所示。

○ **文本之前小于悬挂缩进时**

当【文本之前】设置的数值小于【悬挂缩进】的数值时，段落文本的首行与文本框相邻。不论【悬挂缩进】的值设置为多少，文本的段落格式都不再改变。

例如，设置【文本之前】的值为【1厘米】，【悬挂缩进】的值为【1.5厘米】时，效果如下图所示。

4.4.3 设置间距

间距包括段间距、行间距和字符间距3种。

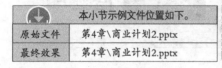

	本小节示例文件位置如下。
原始文件	第4章\商业计划2.pptx
最终效果	第4章\商业计划2.pptx

1. 设置段间距

段间距是指段落与段落之间的距离，具体操作步骤如下。

1 打开本实例的原始文件，切换到第4张幻灯片，选中全部段落，切换到【开始】选项卡，单击【段落】组右下角的【对话框启动器】按钮 。

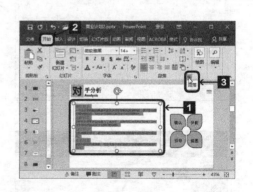

2 弹出【段落】对话框，切换到【缩进和间距】选项卡，在【间距】组合框中的【段前】和【段后】微调框中输入【5磅】。

3 单击 确定 按钮，返回幻灯片中，效果如图所示。

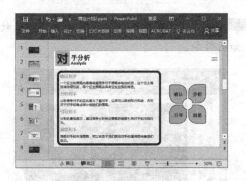

2. 设置行间距

行距是指段中各行之间的距离。设置行距的具体操作步骤如下。

1 切换到第3张幻灯片，选中需要设置行距的段落，切换到【开始】选项卡，单击【段落】组右下角的【对话框启动器】按钮。

2 弹出【段落】对话框，切换到【缩进和间距】选项卡，在【间距】组合框中的【行距】下拉列表中选择一种合适的行距类型，例如选择【1.5倍行距】选项。

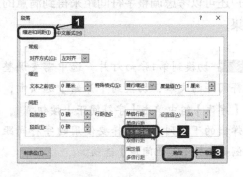

3 单击 确定 按钮，返回幻灯片中，效果如图所示。

提示

当选择行距类型为【固定值】时，在【度量值】微调框中可以输入0~1584之间的数值，度量单位为磅。

当选择行距类型为【多倍行距】时，在【度量值】微调框中可以输入0~9.99之间的数值。

当幻灯片中有多个段落，需要调整段间距时，用户只需在【间距】组合框中的【段前】【段后】微调框中输入合适的数值即可。【段前】【段后】微调框中可以输入0~1584之间的数值，度量单位为磅。

3. 设置字符间距

在某些幻灯片中，有时调整了行间距和段落间距后，仍不能得到满意效果，这时用户还可以考虑调整字符间距来得到满意的效果。

1 切换到第1张幻灯片，选中需要调整字符间距的文本，切换到【开始】选项卡，在【字体】组中单击【字符间距】按钮，在弹出的下拉列表中选择要使用的字符间距，例如选择【其他间距】选项。

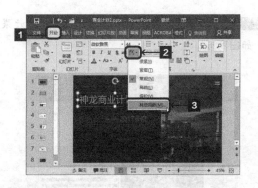

2 弹出【字体】对话框，系统自动切换到【字符间距】选项卡，在【间距】下拉列表中选择【加宽】选项，在【度量值】微调框中输入【4】。

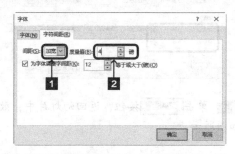

3 单击 确定 按钮，返回幻灯片中，效果如图所示。

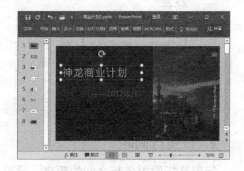

4.5 添加项目符号或者编号

精美的项目符号、统一的编号使幻灯片的内容变得更加有条理、清晰，提高观众阅读的兴趣。

4.5.1 添加项目符号

通过添加项目符号可以使表达的内容更有条理，使PPT更易阅读，信息传递更有效。

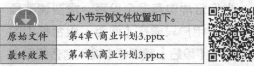

本小节示例文件位置如下。	
原始文件	第4章\商业计划3.pptx
最终效果	第4章\商业计划3.pptx

1. 添加普通项目符号

1 打开本实例的原始文件，选中第5张幻灯片，选中要添加项目符号的段落文本，切换到【开始】选项卡，在【段落】组中单击【项目符号】按钮右侧的下三角按钮，从弹出的列表中选择一种合适的项目符号。

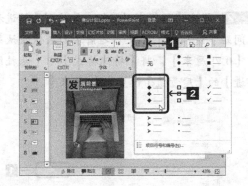

2 自定义项目符号。如果在【项目符号】下拉列表中没有合适的项目符号，可以选择【项目符号和编号】选项。

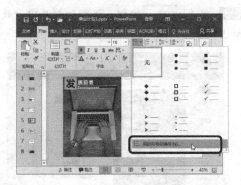

3 弹出【项目符号和编号】对话框，在【项目符号】选项卡中，单击 自定义(U)... 按钮。

4 弹出【符号】对话框，在【字体】下拉列表中选择【（普通文本）】选项，在【子集】下拉列表中选择【其他符号】选项，然后从下面的【符号】列表框中选择一种合适的符号。

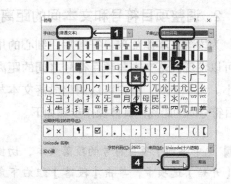

5 单击 确定 按钮，返回【项目符号和编号】对话框，此时用户即可在【项目符号】列表框中看到新添加的项目符号的预览效果。

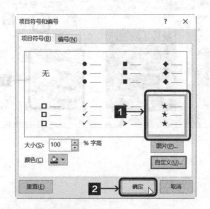

6 单击 确定 按钮，返回幻灯片中，即可看到添加后的最终效果。

2. 调整项目符号和文本间的距离

为段落文本添加项目符号后，细心的用户可以发现段落文本与项目符号之间的距离很小。为了美观，用户可以调整段落文本与项目符号间的距离。具体操作步骤如下。

1 选中添加了项目符号的段落文本，切换到【开始】选项卡，单击【段落】组右下角的【对话框启动器】按钮 。

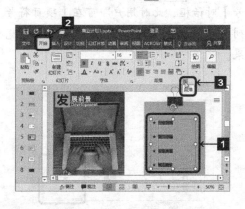

2 弹出【段落】对话框，切换到【缩进和间距】选项卡，【文本之前】的数值默认是【0.79厘米】，将【特殊格式】中【悬挂缩进】的【度量值】设置为【1厘米】。

3 单击 确定 按钮，返回幻灯片中，效果如图所示。

4.5.2 添加编号

添加编号的作用与项目符号类似，编号更侧重于强调内容的前后顺序和序号编排。

	本小节示例文件位置如下。
原始文件	第4章\商业计划4.pptx
最终效果	第4章\商业计划4.pptx

1. 为同一文本框中的文本添加编号

1 打开本实例的原始文件，选中第5张幻灯片，选中需要添加编号的文本，切换到【开始】选项卡，在【段落】组中，单击【编号】按钮 右侧的下三角按钮 ，从弹出的下拉列表中选择一种合适的编号样式。

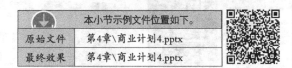

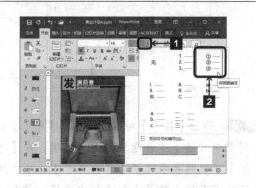

2 返回还幻灯片中，效果如图所示。

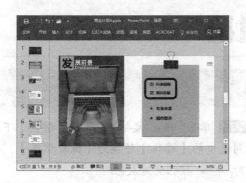

2. 为不同文本框中的文本添加编号

按照上面介绍的方法，为第5张幻灯片中的最后一个文本框中的文本添加编号时，编号同样的也是从"1"开始的。但是我们想要不同文本框中编号的顺序是连续的，具体操作步骤如下。

1 在第5张幻灯片中，选中文本"专业水准、城市需求"，切换到【开始】选项卡，在【段落】组中，单击【编号】按钮 ≔ 右侧的下三角按钮 ˅ ，从弹出的下拉列表中选择【项目符号和编号】选项。

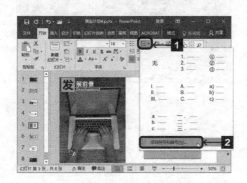

2 弹出【项目符号和编号】对话框，自动切换到【编号】选项卡，在【编号】列表框中选中带圈序号的编号样式。

3 在【起始编码】微调框中输入起始页码，此处输入【3】，即可看到【编号】列表框中的编号均更改为从"3"开始。

4 单击 确定 按钮，返回幻灯片中，即可看到文本编号与上面的编号是连续的。

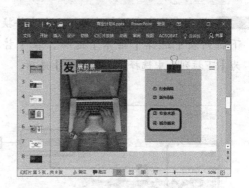

| 提示 | ::::::::

设置完编号以后，用户可以设置编号的大小、颜色等。

|高手过招|

快速替换字体

当我们将演示文稿中的某一类字体全部替换为另一种字体时,一点一点替换非常麻烦。下面以将"楷体"全部替换为"微软雅黑"为例,介绍快速将一种字体全部替换为另一种字体的方法。

1 在演示文稿中,切换到【开始】选项卡,在【编辑】组中,单击【替换】按钮 右侧的下三角按钮,从弹出的下拉列表中选择【替换字体】选项。

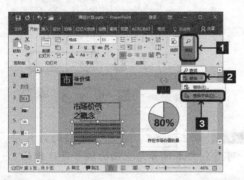

2 弹出【替换字体】对话框,在【替换】下拉列表中选择【楷体】选项,在【替换为】下拉列表中选择【微软雅黑】选项。

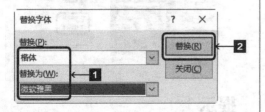

3 单击 替换(R) 按钮,随即将【替换】下拉列表中的【楷体】替换为【微软雅黑】,同时 替换(R) 按钮变为灰色。

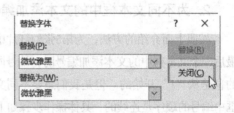

4 单击 关闭(C) 按钮,返回幻灯片中,即可看到设置效果。

第5章

图片的插入与编辑

幻灯片中如果只有文字会很单调，适当地插入一些与内容相关的图片，会产生图文并茂的效果，提高观众的观看兴趣。

关于本章知识，本书配套教学资源中有相关的多媒体教学视频，视频路径为【编辑幻灯片\图片的插入与编辑】。

5.1 插入图片

在PPT中插入图片有助于观众理解PPT，同时，也能避免PPT因只有文字而显得单调，本节介绍在幻灯片中插入图片的具体方法。

5.1.1 插入本地图片

搜索到的图片保存到计算机中后，可以直接在幻灯片中插入这些图片。

本小节示例文件位置如下。	
素材文件	第5章\01.png~11.png
原始文件	第5章\企业战略管理.pptx
最终效果	第5章\企业战略管理.pptx

本小节我们以制作"企业战略管理"为例，介绍在幻灯片中插入图片的方法。

首先制作标题幻灯片，下面将以图文结合的形式来介绍企业战略管理的方案，因此，需要先插入图片。

1. 利用【插入】选项卡插入图片

1 打开本实例的原始文件，选中第3张幻灯片，切换到【插入】选项卡，在【图像】组中单击【图片】按钮。

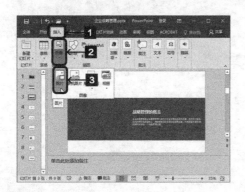

2 弹出【插入图片】对话框，找到要插入的图片在计算机中的保存位置，选中图片，然后单击 插入(S) 按钮。

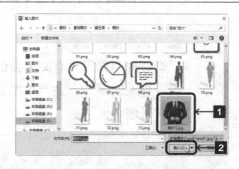

3 即可将图片插入到幻灯片中。

4 调整图片位置。选中图片，将鼠标指针移动到图片边框上，此时鼠标指针变成 状态。

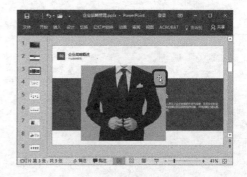

5 此时，按住鼠标左键并拖动图片，将其拖动到合适的位置，释放鼠标左键，图片位置发生变化，效果如图所示。

2. 利用复制—粘贴法插入图片

1 打开本实例的原始文件，选中第4张幻灯片，打开要插入图片所在的文件夹，按【Ctrl】+【C】组合键进行复制。

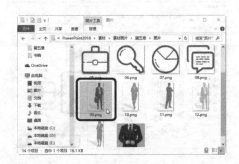

2 切换到幻灯片中，按【Ctrl】+【V】组合键，即可将图片复制到幻灯片中。

3 按照前面介绍的方法，调整图片位置，效果如图所示。

3. 鼠标拖动法

1 打开素材图片所在的文件夹，选中图片，按住鼠标左键并拖动鼠标。

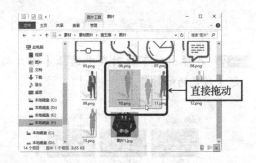

2 将图片拖动到幻灯片中，释放鼠标左键。

3 按照前面介绍的方法插入其他需要添加的图片，调整图片位置，效果如图所示。

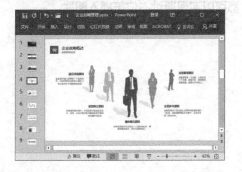

4. 利用占位符插入图片

1 切换到【开始】选项卡，在【幻灯片】组中，单击【新建幻灯片】按钮▦的下半部分按钮。

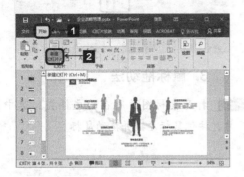

2 在弹出的下拉列表中选择【图片与标题】版式的幻灯片。

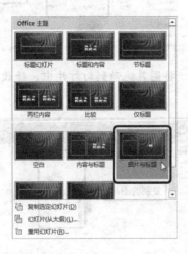

提示

选择好要插入的图片，在全部版式中都可以实现通过占位符插入图片。

3 即可在幻灯片中插入一张【图片与标题】幻灯片，然后单击占位符中的【图片】按钮。

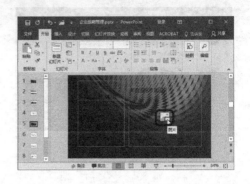

4 弹出【插入图片】对话框，找到要插入的图片在计算机中的保存位置，选中所需图片，然后单击 插入(S) 按钮。

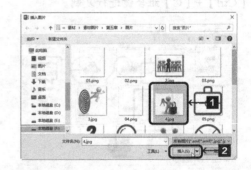

5 即可将本地计算机中的图片插入到幻灯片中。

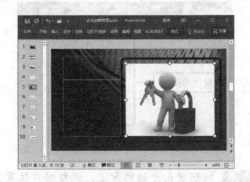

5.1.2 插入联机图片

除了插入本地图片外，在计算机联网状态下，还可以插入联机图片。

本小节示例文件位置如下。	
原始文件	第5章\营销推广方案.pptx
最终效果	第5章\营销推广方案.pptx

1 打开本实例的原始文件，选中第6张标题幻灯片，切换到【插入】选项卡，在【图像】组中单击【联机图片】按钮。

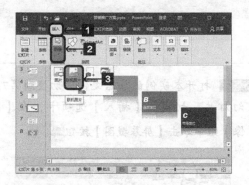

2 弹出【插入图片】对话框，在【必应图像搜索】文本框中输入图片的名称，此处输入"医药"，然后单击【搜索】按钮。

3 弹出【必应图像搜索】结果对话框，选中其中合适的图片，然后单击【插入】按钮。

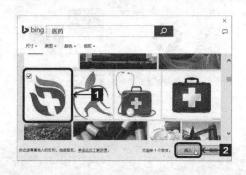

4 下载完成后，自动返回幻灯片中，即可看到插入的图片。

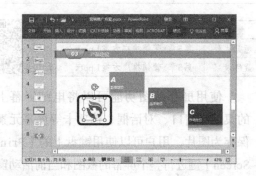

5 调整图片大小。将鼠标指针移动到图片的右下角，当鼠标指针变为 形状时，按住鼠标左键，此时鼠标指针呈＋形状，拖动鼠标。

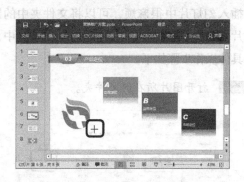

6 拖动到合适的大小后，释放鼠标左键，即可调整图片大小。

（1）用户还可以在选中图片后，切换到【图片工具】工具栏的【设计】选项卡，在【大小】组中的【高度】【宽度】微调框中输入数值，精确调整图片大小。

（2）在【标题和内容】【两栏内容】【比较】【内容与标题】版式的幻灯片中，用户也可以直接利用占位符插入图片。

5.1.3 插入屏幕截图

演示文稿中自带屏幕截取的功能。

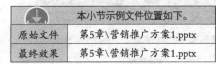	本小节示例文件位置如下。
原始文件	第5章\营销推广方案1.pptx
最终效果	第5章\营销推广方案1.pptx

使用屏幕截图功能可以将电脑屏幕上的桌面、窗口、对话框、选项卡等屏幕元素保存为图片，用户可以使用键盘上的【Print Screen】键进行整个屏幕的截图和当前活动窗口的截图，在PowerPoint 2016中也有一个专门的功能，即屏幕截取。

如果用户想把所有的公司的产品在幻灯片中做一个展示，将产品的图片一张一张地插入幻灯片中很麻烦，可以将文件夹中的图片截取一张截图，一次性地插入幻灯片中。具体操作步骤如下。

1 打开图片所在的文件夹。

2 打开本实例的原始文件，切换到第7张幻灯片，切换到【插入】选项卡，在【图像】组中单击【屏幕截图】按钮。

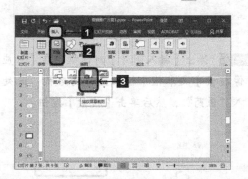

3 在弹出的下拉列表中的【可用的视窗】中显示的，是PowerPoint 2016智能检测到的屏幕截图，如果想自行截图，可以选择【屏幕剪辑】选项。

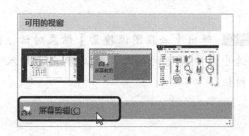

4 此时鼠标指针呈 + 形状显示，拖动鼠标选中需要截取的范围。

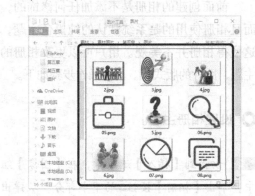

5 释放鼠标后，自动返回幻灯片，此时可以看到截取的图片已经插入到幻灯片中了。

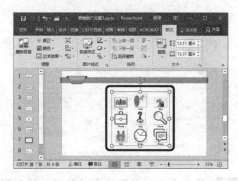

6 调整图片大小并移动图片位置，最终效果如图所示。

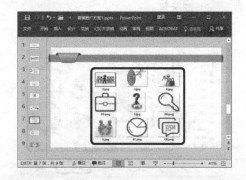

5.1.4 制作电子相册

制作电子相册也是批量插入图片的方法。

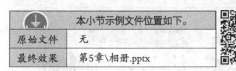

本小节示例文件位置如下。	
原始文件	无
最终效果	第5章\相册.pptx

如果想在幻灯片中插入多张图片，并且希望所有的图片按一定顺序分布在每一张幻灯片中，我们可以用PowerPoint 2016的创建电子相册的功能。具体操作步骤如下。

1. 创建相册

1 启动PowerPoint 2016程序，新建一个空白的演示文稿"演示文稿1"。切换到【插入】选项卡，在【图像】组中，单击【相册】按钮 的上半部分。

2 添加新图片。弹出【相册】对话框，单击 文件/磁盘(F)... 按钮。

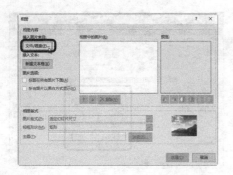

3 弹出【插入新图片】对话框，找到图片的保存位置，选中需要添加的图片，然后单击 插入(S) ▼ 按钮。

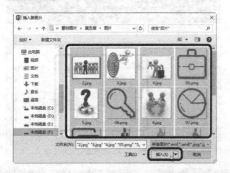

4 返回【相册】对话框，单击 创建(C) 按钮。

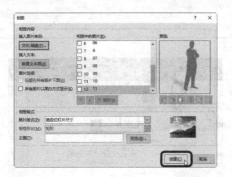

5 此时即可创建一个名称为"演示文稿2"的相册。

2. 编辑相册

前面创建的相册是不添加任何修饰的，而且相册使用的是系统默认的纯黑色主题，这使得相册并不美观。用户可以更改相册的主题、图片的版式等。具体操作步骤如下。

○ 设置相册主题。

1 切换到【插入】选项卡，在【图像】组中，单击【相册】按钮 的下半部分，从弹出的下拉列表中选择【编辑相册】选项。

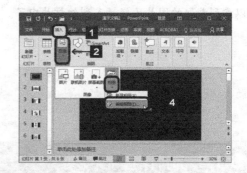

2 弹出【编辑相册】对话框，单击【主题】文本框右侧的 浏览(B)... 按钮。

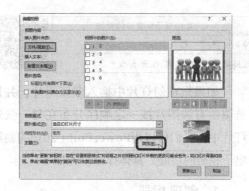

3 弹出【选择主题】对话框，从中选择一种合适的主题，例如选择"Slice.thmx"主题，然后单击 选择 按钮。

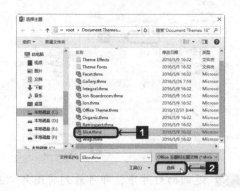

4 返回【编辑相册】对话框，单击 更新(U) 按钮。返回演示文稿2，效果如图所示。

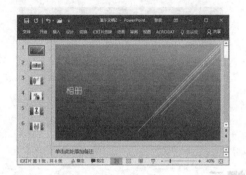

○ **设置相册版式**

1 按照前面介绍的方法，打开【编辑相册】对话框，在【图片版式】下拉列表中选择【2张图片】，然后单击 更新(U) 按钮。

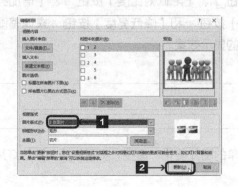

2 返回"演示文稿2"中，即可看到更改了图片版式后的相册样式。

○ **设置相框形状**

1 打开【编辑相册】对话框，在【相框形状】下拉列表中选择【柔化边缘矩形】选项，然后单击 更新(U) 按钮。

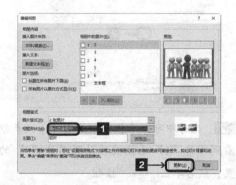

2 返回"演示文稿2"中，最终效果如图所示。

提示

当【图片版式】选择了【适应幻灯片尺寸】选项时，【相框形状】是不可以改变的。

○ 调整图片顺序

更改插入幻灯片的图片的顺序，或者调整图片在幻灯片中的亮度、对比度，具体操作步骤如下。

1 按照前面介绍的方法，打开【编辑相册】对话框，在【相册中的图片】列表框中，选择需要调整的图片前面的复选框，例如选择第1张图片前面的复选框，然后单击【下移】按钮 ↓ 。

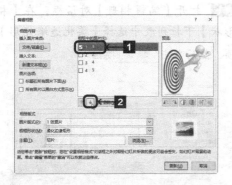

2 此时即可在【相册中的图片】列表框中看到图片"1"已经被移动到图片"2"的位置，然后单击 更新(U) 按钮。

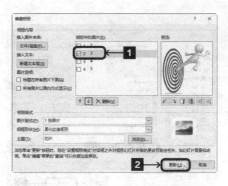

3 返回幻灯片中，即可看到将图片"2"下移到图片"3"的位置。保存相册，并将其保存到合适的位置。

提示 ┊┊┊┊

用户可以使用【相册】对话框中【预览】框下方的【向左旋转90°】按钮 、【向右旋转90°】按钮 、【增加对比度】按钮 、【降低对比度】按钮 、【增加亮度】按钮 和【降低亮度】按钮 来调整图片的显示效果。

5.2 设置图片格式

PowerPoint 2016可以实现简单的图片美化、修整。将图片插入到幻灯片以后，就可以设置图片的格式了。

5.2.1 调整图片

调整图片包括调整图片的背景、亮度和对比度、颜色以及替换整张图片等。

本小节示例文件位置如下。	
素材文件	第5章\第5章\11jpg、12.jpg
原始文件	第5章\调整图片.pptx
最终效果	第5章\调整图片.pptx

调整图片的主要操作是在【图片工具】工具栏的【格式】选项卡中的【调整】组中进行的。

1. 删除背景

在幻灯片中插入图片后，如果只想保留图片的主题部分而把背景删除，就要用到PPT的删除背景功能。具体操作步骤如下。

1 打开本实例的原始文件，选中需要删除背景的图片，切换到【图片工具】工具栏的【格式】选项卡，在【调整】组中，单击【删除背景】按钮。

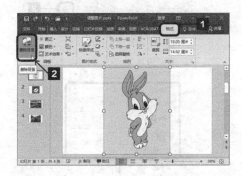

2 弹出【背景消除】选项卡，系统自动用红色标记要删除的背景。要删除的区域会出现8个控制点，可以通过拖动控制点来调整要删除区域的大小。

提示

在【优化】组中有3个按钮，用于选择或者取消背景区域。

【标记要保留的区域】：如果系统自动标记的区域过大，可以单击此按钮，然后通过绘制直线，标记不删除的区域。线条绘制完毕后，会出现一个带圈加号的标记。

【标记要删除的区域】：如果系统自动标记的区域过小，可以单击此按钮，然后在要删除的区域，绘制直线，直线绘制完毕后，此区域呈红色显示并出现一个带圈减号，表示要被删除。

【删除标记】：如果选择了过大或过小的区域，可以单击此按钮，然后选择图片中的标记符号，取消选择。

3 区域选择完成以后，在【背景消除】选项卡中的【关闭】组中，单击【保留更改】按钮。

4 返回幻灯片中，效果如图所示。

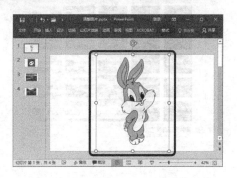

2. 更正图片

更正图片主要是对图片进行柔化、锐化，或调整亮度、对比度。

柔化是使图片看起来更柔和，其本质上是使图片比较模糊。

锐化是使图片看起来更加清晰。

亮度是指画面的明亮程度。

对比度是画面中黑与白的比值，也就是从黑到白的渐变层次。对比度越大，图像越清晰醒目，色彩也越鲜明艳丽。

1 切换到演示文稿的第3张幻灯片，选中图片，切换到【图片工具】工具栏的【格式】选项卡，在【调整】组中，单击【更正】按钮 更正 。

2 在弹出的下拉列表中有一些一定比例的柔化/锐化的方案，以及亮度/对比度的组合方案，用户可以从中选择合适的方案。

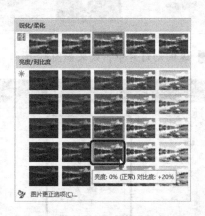

3 如果在下拉列表中没有合适的方案，就选择【图片更正选项】选项。

4 弹出【设置图片格式】任务窗格，用户可以在【图片更正】选项中的【清晰度】【亮度】【对比度】微调框中输入不同的数值，来调整图片的清晰度、亮度和对比度。

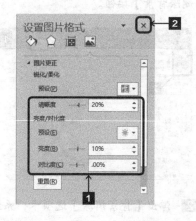

5 设置完毕，单击【关闭】按钮 ，关闭任务窗格，返回幻灯片中，效果如图所示。

3. 设置透明色

设置透明色也是删除图片背景的一种方法。

前面介绍了PPT的【删除背景】功能。但是此功能是在背景颜色比较多的情况下使用的。当图片背景只有一种颜色时，我们可以使用PPT的【设置透明色】的功能来删除图片背景。这种方法非常简便，具体操作步骤如下。

1 切换到演示文稿的第2张幻灯片，选中图片，切换到【图片工具】工具栏的【格式】选项卡，在【调整】组中，单击【颜色】按钮 颜色 。

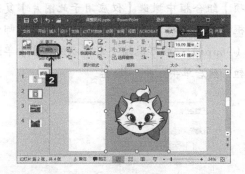

2 在弹出的下拉列表中选择【设置透明色】选项。

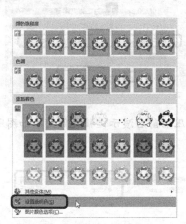

3 此时鼠标指针呈 形状显示，将鼠标指针移动到图片的背景处。

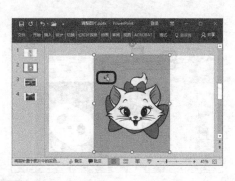

4 单击鼠标左键，即可将图片背景设置为透明色，效果如图所示。

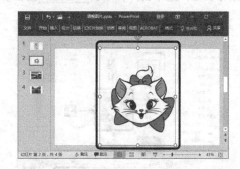

4. 更改图片

在幻灯片中，使用【更改图片】功能，可以使更改后的图片保持原图片的位置、大小等。

1 在演示文稿"调整图片.pptx"中插入一张空白幻灯片，然后按照前面介绍的插入图片的方法，插入素材图片11.JPG、12.JPG，选中12.JPG，设置其大小、位置。

2 选中图片11.JPG，切换到【图片工具】工具栏的【格式】选项卡，在【调整】组中，单击【更改图片】按钮的下拉按钮，在弹出的下拉列表中选择【来自文件】选项。

3 弹出【插入图片】对话框，找到图片的保存位置，选中图片，单击 插入(S) 按钮。

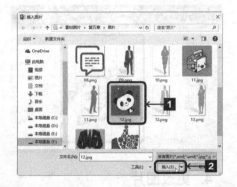

4 返回幻灯片中，即可看到完成替换的效果。幻灯片中右边为插入的原始图片，左边为替换后的图片，替换后的图片，保持了原图片的大小和位置。

5. 压缩图片

图片是演示文稿的重要组成部分，但是图片过多或者图片过大时，会增大演示文稿。此时我们可以压缩图片，减小演示文稿的大小。具体操作步骤如下。

1 选中演示文稿中的一张图片，切换到【图片工具】工具栏的【格式】选项卡，在【调整】组中，单击【压缩图片】按钮 。

2 弹出【压缩图片】对话框，按照实际情况选择合适的选项。此处在【压缩选项】组合框中撤选【仅应用于此图片】复选框，在【分辨率】组合框中选择【电子邮件（96ppi）：尽可能缩小文档以便共享】单选钮，然后单击 确定 按钮。

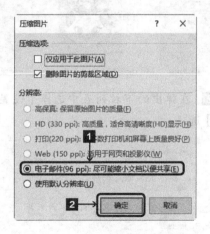

3 压缩前后演示文稿文件大小如图所示。

调整图片 .pptx	2,233 KB	压缩前
调整图片.pptx	2,094 KB	压缩后

5.2.2 设置图片样式

设置图片样式就是更改图片的整体外观。

本小节示例文件位置如下。	
原始文件	第5章\商业计划.pptx
最终效果	第5章\商业计划.pptx

1. 添加边框

1 打开本实例的原始文件，选中第4张幻灯片中的图片，切换到【图片工具】工具栏的【格式】选项卡，在【图片样式】组中单击【快速样式】按钮 。

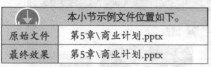

2 在弹出的下拉列表中选择一种合适的样式，例如选择【剪去对角，白色】选项。

3 返回幻灯片中，添加了边框后的图片效果如图所示。

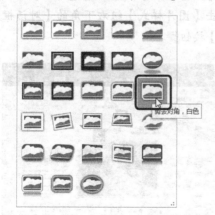

2. 设置边框颜色

1 使用主题颜色色板设置颜色。选中第4张幻灯片中的图片，切换到【图片工具】工具栏的【格式】选项卡，在【图片样式】组中单击【边框】按钮 右侧的下三角按钮，从弹出的下拉列表中的【主题颜色】色板上选择一种颜色即可。

2 使用标准色色板设置颜色。如果在【主题颜色】色板上没有合适的颜色，可以单击【其他轮廓颜色】选项。

3 弹出【颜色】对话框，切换到【标准】选项卡，在颜色色板中选择合适的颜色。

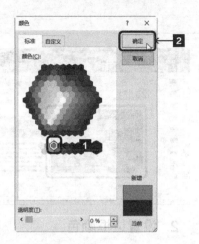

4 单击 确定 按钮，返回幻灯片中，效果如图所示。

5 使用取色器设置颜色。选中第4张幻灯片中的图片，切换到【图片工具】工具栏的【格式】选项卡，在【图片样式】组中单击【图片边框】按钮右侧的下三角按钮，从弹出的下拉列表中选择【取色器】选项。

6 此时鼠标指针呈形状显示，将鼠标指针移动到选取颜色的区域，鼠标指针的右上角显示了颜色的RGB数值。

7 单击鼠标左键，即可选取颜色，效果如图所示。

8 设置边框渐变色效果。选中图片，切换到【图片工具】工具栏的【格式】选项卡，单击【图片样式】组右下角的【对话框启动器】按钮。

9 弹出【设置图片格式】任务窗格，单击【填充与线条】按钮。

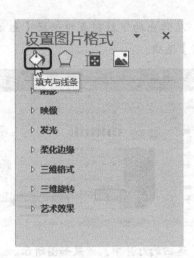

10 在【线条】组中，选中【渐变线】单选钮，单击【方向】的下拉按钮 ▣▾，从弹出的下拉列表中选择一种渐变方向方案。

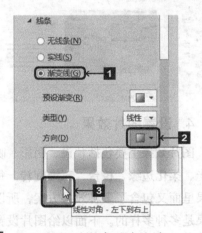

11 此处设置3种颜色的渐变线，所以需要删除一个渐变光圈。选中一个渐变光圈，单击【删除】按钮 🔧。

12 此时即可看到一个渐变光圈已经被删除。选中第1个渐变光圈，单击【颜色】按钮 🖌▾，在弹出的下拉列表中的【最近使用的颜色】中选择【浅灰色】选项。

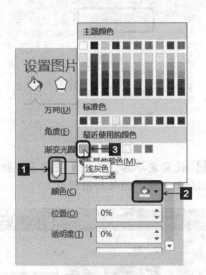

13 用户可以在【位置】【透明度】【亮度】微调框中输入数值，调整渐变色的显示效果。

14 按照同样的方法，设置其他渐变光圈的颜色、位置等，效果如图所示。

15 设置完毕后，单击【关闭】按钮 ×，返回幻灯片中，效果如图所示。

3. 设置边框粗细

我们不仅可以设置边框的样式、颜色，还可以设置边框的粗细。具体操作步骤如下。

1 选中图片，切换到【图片工具】工具栏的【格式】选项卡，在【图片样式】组中单击【图片边框】按钮 右侧的下三角按钮。

2 从弹出的下拉列表中选择【粗细】▷【3磅】选项。

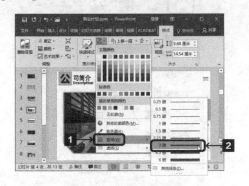

3 返回幻灯片中，效果如图所示。

4. 设置图片效果

图片效果主要包括预设、阴影、映像、发光、柔化边缘、棱台、三维旋转。每一种效果里面又包含了多种效果方案，所以图片效果是多种多样的。下面以给图片设置映像效果为例，介绍设置图片效果的具体操作步骤。

1 选中图片，切换到【图片工具】工具栏的【格式】选项卡，在【图片样式】组中单击【图片效果】按钮。

2 在弹出的下拉列表中选择【阴影】▶
【偏移：左下】选项。

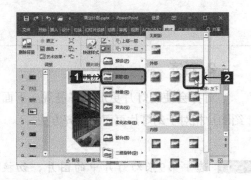

3 返回幻灯片中，效果如图所示。

5. 转换为SmartArt图形

将插入的图片转换为SmartArt图形，可以更轻松地排版。下面以给图片添加标题为例进行介绍。具体操作步骤如下。

1 选中图片，切换到【图片工具】工具栏的【格式】选项卡，在【图片样式】组中单击【转换为SmartArt图形】按钮 。

2 在弹出的下拉列表中选择一种合适的SmartArt图形样式。

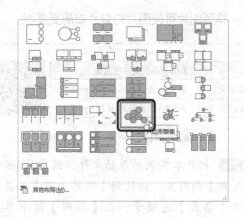

3 返回幻灯片中，弹出【SMARTART工具】工具栏，并且在图片下方出现一个文本框。

4 在文本框中输入文本内容即可，最终效果如图所示。

5.2.3 排列图片

排列图片可使图片幻灯片布局更美观。

	本小节示例文件位置如下。
原始文件	第5章\企业战略管理1.pptx
最终效果	第5章\企业战略管理1.pptx

1. 旋转图片

1 打开本实例的原始文件，选中第9张幻灯片中的图片，切换到【图片工具】工具栏的【格式】选项卡，在【排列】组中单击【旋转】按钮 旋转。

2 从弹出的下拉列表中选择【水平翻转】选项。

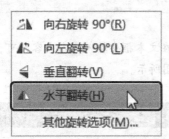

3 返回幻灯片中，效果如图所示。

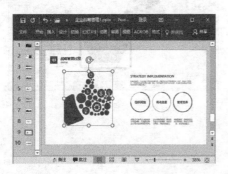

2. 对齐

对齐会使幻灯片更加整齐美观。下面介绍图片相对于幻灯片页面的对齐方法。

1 选中第9张幻灯片中的图片，切换到【图片工具】工具栏的【格式】选项卡，在【排列】组中单击【对齐】按钮，从弹出的下拉列表中选择【垂直居中】选项。

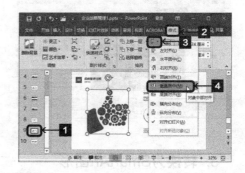

2 返回幻灯片中，即可看到图片相对于幻灯片页面垂直居中显示。

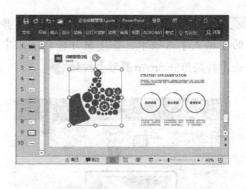

3. 组合

当幻灯片中的图片过多时，可以把多个图片组合成一个整体，方便整体移动，这样也能防止对其中一张图片的意外修改。

在演示文稿中插入图片，并设置图片的大小和位置。按住【Shift】键，同时选中4张图片，单击鼠标右键，在弹出的快捷菜单中选择【组合】▶【组合】选项，即可将图片组合在一起。

5.2.4 图片处理技巧

下面介绍在PPT中处理图片的小技巧。

	本小节示例文件位置如下。
原始文件	第5章\图片处理.pptx
最终效果	第5章\图片处理.pptx

1. 图片裁剪

在一张图片中，可能背景区域比较大，或者我们只需要图片的一部分区域，此时就可以利用PPT的裁剪功能，通过裁剪得到需要的部分。

1 打开本实例的原始文件，选中第1张幻灯片中的图片，切换到【图片工具】工具栏的【格式】选项卡，在【大小】组中，单击【裁剪】按钮的上半部分。

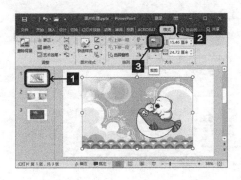

2 拖动裁剪区域标记，选择裁剪的区域。

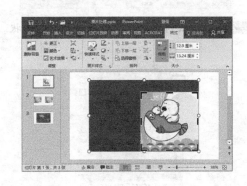

3 裁剪区域选择完成后，按【Esc】键，即可完成裁剪，效果如图所示。

2. 裁剪为异形

在PPT中，不仅可以裁剪图片，还可以将图片裁剪为各种各样的形状。具体操作步骤如下。

1 选中图片，切换到【图片工具】工具栏的【格式】选项卡，在【大小】组中，单击【裁剪】按钮的下半部分，从弹出的下拉列表中选择【裁剪为形状】选项。

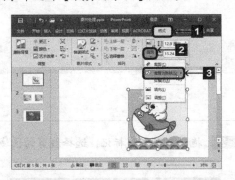

2 在形状列表框中选择一种合适的形状。

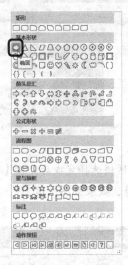

3 返回幻灯片，效果如图所示。

3. 放大镜效果

在PPT中，可以使用放大镜效果将图片的某一部分放大显示。具体操作步骤如下。

1 选择第2张幻灯片右边的一张图片，按照裁剪图片的方法将要放大的区域选择出来。

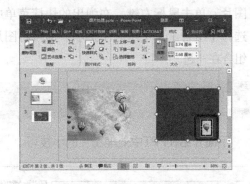

2 按照裁剪为异形的方法，将选择的区域裁剪为【椭圆】。

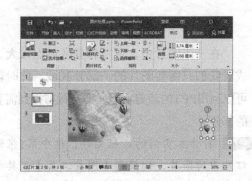

3 选中裁剪后的图片，单击鼠标右键，在弹出的快捷菜单中选择【复制】选项。

4 切换到【插入】选型卡，在【插图】组中，单击【形状】按钮，从弹出的下拉列表中选择【椭圆】选项。

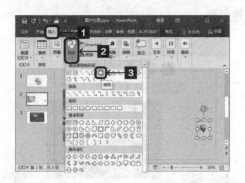

5 此时鼠标指针呈 + 形状，在幻灯片中单击鼠标左键，即可绘制一个椭圆。

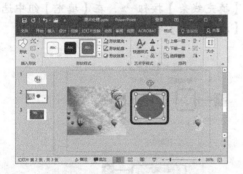

6 选中椭圆，切换到【绘图工具】工具栏的【格式】选项卡，在【大小】组中，将椭圆的【高度】和【宽度】均设为"7厘米"。

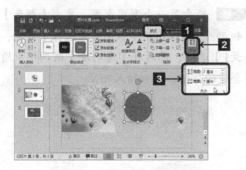

7 选中圆，单击鼠标右键，在弹出的快捷菜单中选择【设置形状格式】选项。

8 弹出【设置形状格式】任务窗格，单击【填充线条】按钮，在【填充】组中选择【图片或纹理填充】单选钮，此时【设置形状格式】任务窗格自动变为【设置图片格式】任务窗格，然后单击 剪贴板(C) 按钮。

9 单击【关闭】按钮 ✕，返回幻灯片中，即可看到制作的放大效果。

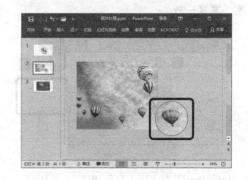

4. 模糊图片

在PPT中可以通过添加渐变图层的方法使图片模糊，增加朦胧效果。

1 选中第3张幻灯片中的图片，切换到【插入】选项卡，在【插图】组中，单击【形状】按钮，从弹出的下拉列表中选择【矩形】选项。

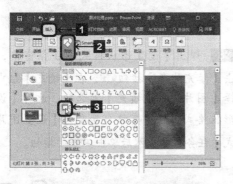

2 此时鼠标指针呈＋形状，在幻灯片中单击鼠标左键，即可绘制一个矩形。

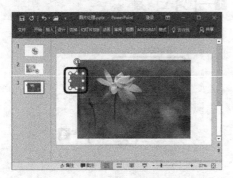

3 选中矩形，切换到【绘图工具】工具栏的【格式】选项卡，在【大小】组中，将矩形【高度】和【宽度】设置为与图片的高度、宽度一致。

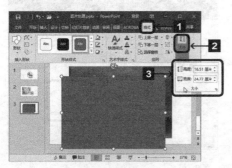

4 拖动矩形，使其与图片重合。在【绘图工具】工具栏的【格式】选项卡中，单击【形状样式】组右下角的【对话框启动器】按钮。

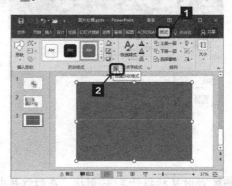

5 弹出【设置形状格式】任务窗格，单击【填充线条】按钮，在【填充】组中选中【渐变填充】单选钮。

6 选中第一个渐变光圈，单击【颜色】按钮，从弹出的下拉列表中选择【白色，背景1】选项，然后在【透明度】微调框中输入合适的数值，例如输入70%。

7 按照相同的方法，将其他渐变光圈设置
为白色，并调整其透明度。

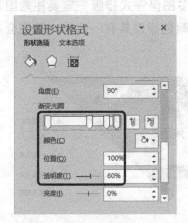

8 在【线条】组中选中【无线条】单选
钮。

9 设置完毕，单击【关闭】按钮 ×，返回
幻灯片，效果如图所示。

5.3 图片排版

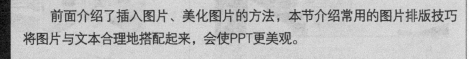

前面介绍了插入图片、美化图片的方法，本节介绍常用的图片排版技巧
将图片与文本合理地搭配起来，会使PPT更美观。

5.3.1 常见的图文混排版式

图文混排是有一定规律的，常见的图文混排有以下几种。

1. 单图左右式排版

单图左右式排版是常见的一种图文混排的版式。它将幻灯片划分为两个部分，界限清晰。左右式图文混排时，如果两边明、暗对比强烈，效果会更好。

2. 单图上下式排版

单图上下式排版，其图文区域也很分明，但稍显呆板。在使用这种方式排版时，要首选一些活泼、艳丽的图片，同时也要注意图片的对称轴与文本保持一致。

3. 多图保守式排版

多图保守式排版一定要注意图片的大小、颜色等要具有一致性，否则会显得混乱。

4. 多图艺术式排版

要展示多张图片时，可以根据想象力，或想要表达的主题，将图片排列为规则的形状、样式。

5.3.2 图文混排注意事项

图文混排要符合自然规律、人们的生活习惯，才能引起观众的兴趣。

1. 人物图片的排版

如果在幻灯片中放置了带有人物的图片，那么人物图片的视线应尽量靠向文字的方向，因为这样使听众视线很自然地沿着人物图片视线方向移动，从而转移到文本上。

而人与人之间，视线要相对，营造一种沟通、谈话的气氛。

2. 图片的排列要注意地平线

在幻灯片中放置多张图片时，不仅要将图片对齐，也要考虑让图片内部也对齐，如地平线，这样图片的排列才会更协调。

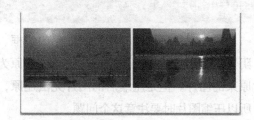

3. 图片排列注意自然规律

自然景物的排列要符合自然规律，例如，云在上，海在下。排列图片时，颠倒了顺序，会影响观众的视觉体验。

高手过招

重设图片

重设图片可以清除图片所应用的边框、阴影、三维格式等一系列图片效果，还原为原来的图片。但是压缩后的图片无法还原，所以压缩图片时要注意这个问题。

选中演示文稿中的图片，切换到【图片工具】工具栏的【格式】选项卡，在【调整】组中单击【重设】按钮的左半部分，即可将图片还原为原始图片。

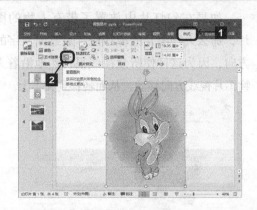

调整颜色饱和度将图片设置为黑白色

1 选中演示文稿中的第1张幻灯片中的图片，切换到【图片工具】工具栏的【格式】选项卡，在【调整】组中单击【颜色】按钮。

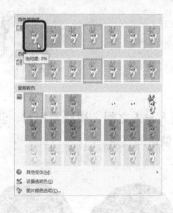

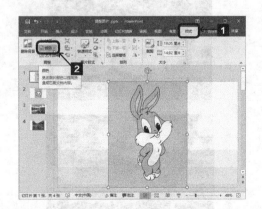

2 在弹出的下拉列表中的【颜色饱和度】组合框中选择【饱和度：0%】选项。

3 返回幻灯片中，最终效果如图所示。

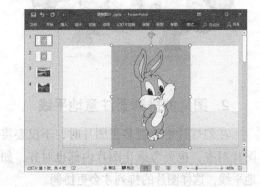

第6章

图形、图示的绘制
与设计

无论是剪贴画还是修改后的图片，有的时候都无法满足
用户的设计要求，此时用户可以在幻灯片中自行绘制所
需要的图形。

关于本章知识，本书配套教学资源中有相关
的多媒体教学视频，视频路径为【编辑幻灯
片\图形、图示的绘制与设计】。

6.1 图解的分类

图解就是由形状、图示、文字内容巧妙组合的图形。利用各种图形制作的图解可以清晰地表现所要表达的内容。

这里根据各个图形之间的连接、围绕、放置等关系，把图解分为5种类型，每种类型中又包括2种图解模式，所以共有10种图解模式。如果要将某个内容转换为图解，首先要考虑图解的类型，然后再根据内容选择合适的图解模式。

1. 环绕型和旋转型

环绕型图解是以关键内容为基准，向外侧围绕主题的图解形式。

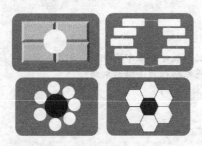

旋转型图解以首尾相接的旋转图形来表现数据信息的关联性。

2. 列举型和交叉型

根据结构要素之间的连接关系，也就是图形之间是分开还是重叠，可将图解分为列举型和交叉型。

在表示目标设置或未来执行计划、事情的结果等情况时可以使用列举型图解。

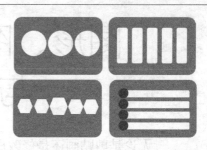

用于列举主题之间共同或者相关联的内容时可以使用交叉型图解。

3. 扩散型和核心型

根据图解对象是从一个散发为多个、从中心向周围扩散，还是从多个结合为一个、从周边集中或整合到中心的情况，可将图解分为扩散型和核心型。

用于表示重要要素分化到几个类别的组织图或者表示从关键词中心分散到周边内容中，可以使用扩散型图解。

用于表示多个重要要素集中或者是属于一个主题之下，可以使用核心型图解。

4. 展开型和区分型

以某种基准来比较几个要素或者进行对比的情况时，可以使用区分型图解。

用于表示事情在时间或顺序上的变化时，可以使用展开型图解。

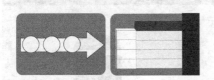

5. 上升型和阶层型

根据上升图解对象表现形式的不同，可将其分为上升型图解和阶层型图解。

要表示内容呈上升趋势或者引出结论等情况，可以使用上升型图解。

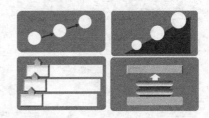

以上下结构来区分关系或者表示下部分支撑上部分时，可以使用阶层型图解。

6.2 图形的绘制与设计

在幻灯片中添加适当的形状对象，将基本图形组合为更生动有趣的图形，可以使幻灯片的表现形式更加丰富多彩。

6.2.1 图形的绘制与美化

本小节主要介绍基本图形绘制和编辑的方法。

	本小节示例文件位置如下。
原始文件	第6章\形状的应用.pptx
最终效果	第6章\形状的应用.pptx

1. 绘制形状

1 打开本实例的原始文件，切换到【插入】选项卡，在【插图】组中单击【形状】按钮。

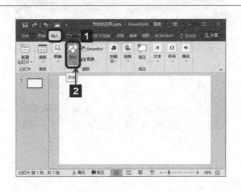

2 在弹出的下拉列表中选择一种合适的形状，例如在【基本形状】组中选择【弦形】选项。

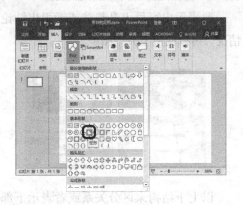

3 将鼠标指针移动到幻灯片中，鼠标指针变成＋形状，按住鼠标左键拖动鼠标，即可绘制一个弦形。

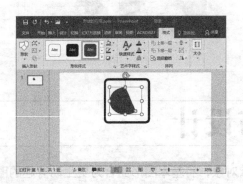

4 绘制完毕，释放鼠标左键即可，在绘制的图形上出现两个黄色的点，可以适当地调整图形的形状，效果如图所示。

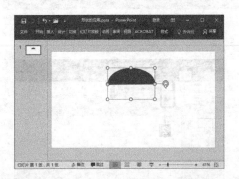

5 使用同样的方法插入一个【圆角矩形】，效果如图所示。

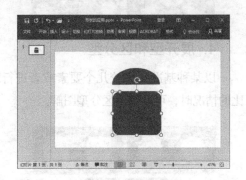

6 在插入的圆角矩形上插入一个【直角矩形】，设置其宽度和圆角矩形相同。效果如图所示。

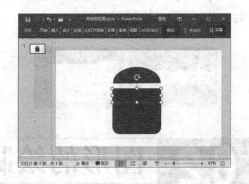

7 选中插入的直角矩形和圆角矩形，在【绘图工具】的【格式】选项组中，单击【插入形状】组中的【合并形状】按钮右侧的下三角按钮。

8 在弹出的下拉列表中选择【联合】选项。

9　联合后的效果如图所示。

10　切换到【插入】选项卡，在【插图】组中单击【形状】按钮，在弹出的下拉列表中选择【流程图】组中的【流程图：终止】选项。

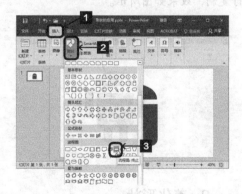

11　将鼠标指针移动到幻灯片中，鼠标指针变成十形状，按住鼠标左键拖动鼠标，即可绘制一个形状。效果如图所示。

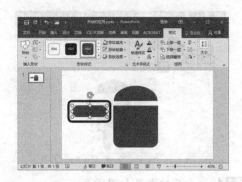

12　调整好插入的流程图，放置到合适的位置，然后再复制一个插入的流程图，放置到与其对称的位置，效果如图所示。

13　使用同样的方法在幻灯片中再插入一个【流程图：终止】形状，并进行复制，调整好位置，效果如图所示。

14　选中插入的两个【流程图：终止】和【圆角矩形】，在【绘图工具】的【格式】选项组中，单击【插入形状】组中的【合并形状】按钮右侧的下三角按钮，在弹出的下拉列表中选择【联合】选项。

15 联合后的效果如图所示。

16 在弦形的合适位置插入一个【椭圆】形状，效果如图所示。

17 选中椭圆，在【绘图工具】的【格式】选项卡中单击【形状样式】组中的【形状填充】按钮右侧的下三角按钮。

18 填充白色后的效果如图所示。

19 复制一个设置填充效果后的椭圆形状，放置到合适的位置即可。

20 使用以上方法在弦形上再插入一个【流程图：终止】形状，调整好形状大小，并进行复制，效果如图所示。

2. 美化形状

1 选中幻灯片中插入的所有形状图形。切换到【绘图工具】的【格式】选项卡，单击【形状样式】组中的【形状填充】按钮右侧的下三角按钮。

2 在弹出的下拉列表中选择【其他填充颜色】选项。

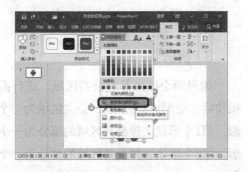

3 弹出【颜色】对话框，切换到【标准】选项卡，在颜色面板中选择一种合适的颜色，单击 确定 按钮。

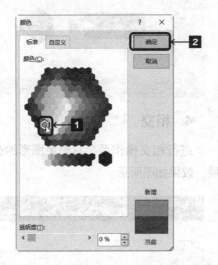

4 返回幻灯片中即可看到填充后的效果。

5 选中幻灯片中插入的所有形状图形。切换到【绘图工具】的【格式】选项卡，单击【形状样式】组中的【形状轮廓】按钮。

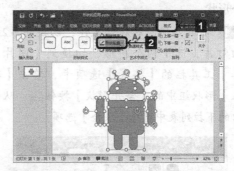

6 在弹出的下拉列表中选择【无轮廓】选项。

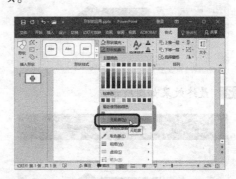

7 返回幻灯片中，最终效果如图所示。

6.2.2 合并形状的妙用

在设计新图形之前，先要了解合并图形的方法。

	本小节示例文件位置如下。
原始文件	第6章\形状的应用1.pptx
最终效果	第6章\形状的应用1.pptx

1. 联合

"联合"功能可以把几个形状合并为一个形状。

1 打开本实例的原始文件，切换到第2张幻灯片，选中两个图形，切换到【图片工具】工具栏的【格式】选项卡，单击【插入】形状组中的【合并形状】按钮 ，从弹出的下拉列表中选择【联合】选项。

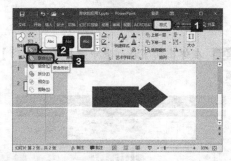

2 最终效果如图所示。

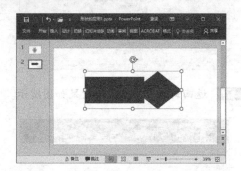

2. 组合

组合与联合的不同之处在于，组合后的形状中两个图形的公共区域呈白色显示。

按照同样的方法，组合幻灯片中的两个图形，效果如图所示。

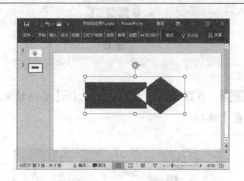

3. 拆分

如果两个图形具有公共区域，进行拆分操作后，会形成3个形状，公共区域为一个图形，第1个形状去掉公共区域的部分为一个图形，第2个形状去掉公共区域的部分为一个图形。

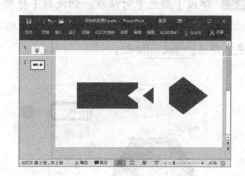

4. 相交

进行相交操作后，只剩余图形的公共区域。效果如图所示。

5. 剪除

第1个形状去掉与第2个形状的公共区域后的图形，效果如图所示。

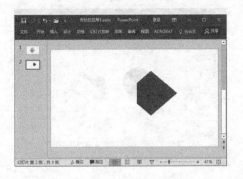

提示

（1）进行【合并形状】操作时，选择形状的顺序不同，得到的结果也是不一样的。

（2）直线与直线、直线与其他形状之间不能进行【合并形状】操作。

6.2.3 设计新形状

利用前面插入的基本形状，可以设计新形状。

本小节示例文件位置如下。	
原始文件	第6章\形状的应用2.pptx
最终效果	第6章\形状的应用2.pptx

1. 旋转形状

1 使用旋转按钮直接旋转。打开本实例的原始文件，选择形状"直角三角形"，切换到【绘图工具】工具栏的【格式】选项卡，在【排列】组中单击【旋转】按钮，从弹出的下拉列表中选择一种合适的旋转方式。

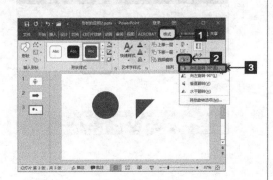

2 使用任务窗格旋转。如果在下拉列表中没有合适的选项，可以选择【其他旋转选项】选项。

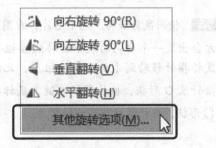

3 弹出【设置形状格式】任务窗格，系统自动切换到【大小属性】的【大小】选项组中，在【旋转】微调框中输入需要旋转的角度。

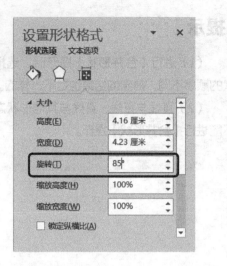

2. 复制形状

1 选中直角三角形，按【Ctrl】+【C】组合键进行复制。

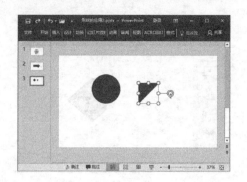

4 设置完毕，单击【关闭】按钮 × ，返回幻灯片中，效果如图所示。

2 按【Ctrl】+【V】组合键进行粘贴，此时即可复制出一个形状。

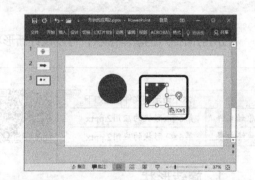

5 使用鼠标旋转。选中图片，在图片的上方会出现一个白色的表示旋转的按钮，将鼠标指针移动到【旋转】按钮上，此时鼠标指针呈 形状，按住鼠标左键，鼠标指针呈 形状，拖动鼠标即可旋转图片。

3 如果需要多个形状，多次按【Ctrl】+【V】组合键进行粘贴即可，然后适当旋转复制的形状。

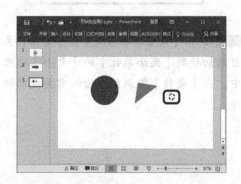

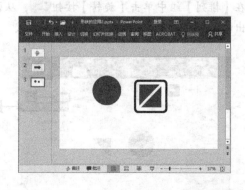

3. 移动形状

1 选中右边的三角形,此时鼠标指针呈可移动状态。

2 按住鼠标左键并拖动鼠标,拖动到合适的位置后,释放鼠标左键。

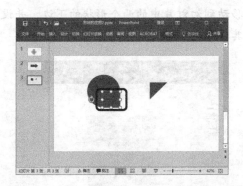

3 可以使用键盘上的方向键,微调形状的位置,使三角形的边与圆的弧靠近点。在这个过程中,可能需要调整三角形和圆的大小。

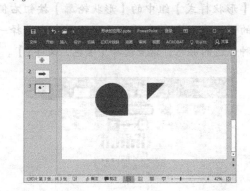

4 按照同样的方法,调整另一个三角形的位置。

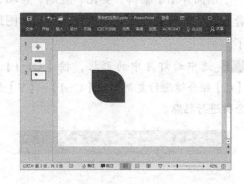

4. 合并形状

将3个形状合并为一个形状,方便整体移动、设置格式效果等。

1 选中幻灯片中的3个形状,切换到【图片工具】工具栏的【格式】选项卡,单击【插入形状】组中的【合并形状】按钮⚪·,从弹出的下拉列表中选择【联合】选项。

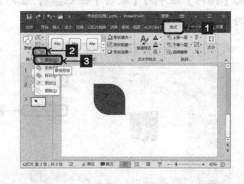

2 返回幻灯片中,即组合为一个树叶形状的新形状,最终效果如图所示。

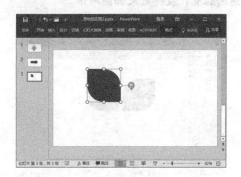

5. 制作新形状

前面介绍了编辑、美化、复制、移动、合并形状的方法，下面就可以组合新的图形了。

1 选中幻灯片中的形状，按【Ctrl】+【C】组合键进行复制。按【Ctrl】+【V】组合键进行粘贴。

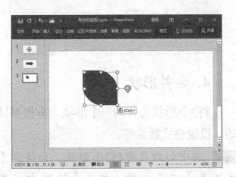

2 将复制得到的图形水平翻转，切换到【图片工具】工具栏的【格式】选项卡，单击【排列】组中的【旋转】按钮，在弹出的下拉列表中选择【水平翻转】选项。

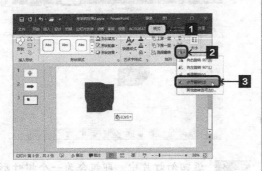

3 得到水平翻转的图形后，移动图片到合适的位置，最终效果如图所示。

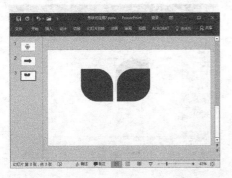

4 选中复制得到的形状，切换到【绘图工具】工具栏的【格式】选项卡，在【形状样式】组中，单击【形状填充】按钮右侧的下三角按钮，从弹出的下拉列表中选择一种合适的颜色。

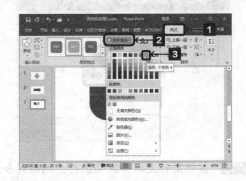

5 按照同样的方法，复制两个形状，将其移动到幻灯片中的两个形状的下边，并设置其填充颜色。

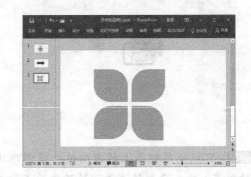

6 选中幻灯片中的所有形状，切换到【图片工具】工具栏的【格式】选项卡，单击【形状样式】组中的【形状轮廓】按钮右侧的下三角按钮。在弹出的下拉列表中选择一种合适的颜色，这里选择【黑色，文字1】。

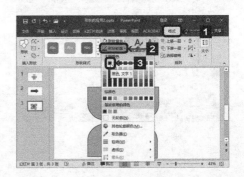

7 设置形状轮廓的粗细。在【形状轮廓】下拉列表中选择【粗细】选项，在其子菜单中选择合适的磅值。

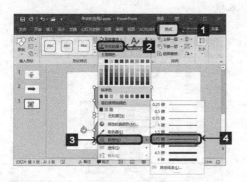

8 设置后的效果如图所示。

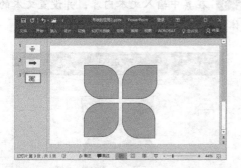

9 在幻灯片的图形中插入一个圆形，并调整到合适的位置。

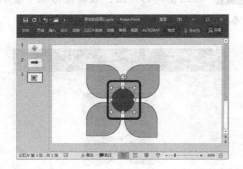

10 使用上面介绍的方法，给新插入的圆形设置填充颜色，填充颜色设置为白色，并设置形状轮廓和粗细。效果如图所示。

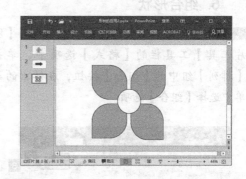

11 选中幻灯片中设置的形状图形，切换到【绘图工具】工具栏的【格式】选项卡，在【插入形状】选项组中单击【合并形状】按钮，在弹出的下拉列表中选择【拆分形状】选项。

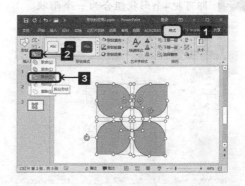

12 形状设置拆分后，把幻灯片中插入的圆形拆分部分全部删除即可。效果如图所示。

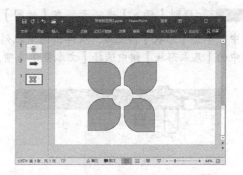

6. 组合形状

[1] 选中幻灯片中的所有图形，切换到【图片工具】工具栏的【格式】选项卡，单击【排列】组中的【组合】按钮，在弹出的菜单中选择【组合】选项。

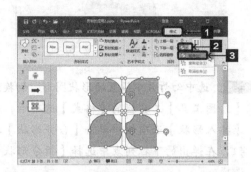

[2] 即可把4个形状组合为一个形状。

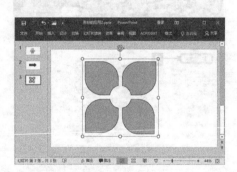

7. 在形状中插入文本

[1] 切换到【插入】选项卡，在【插图】组中，单击【形状】按钮，从弹出的下拉列表中的【基本形状】组中选择【文本框】选项。

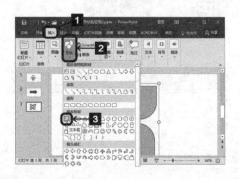

[2] 此时鼠标指针变为↓形状，在要插入文本的地方，按住鼠标左键并拖动鼠标，拖动到合适大小释放鼠标左键，即可绘制一个文本框。

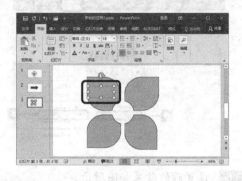

[3] 在其中输入文本内容，并设置文本的字体格式、段落格式等。

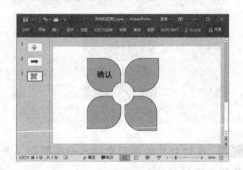

[4] 按照相同的方法，在其他形状中绘制文本形状并输入内容。

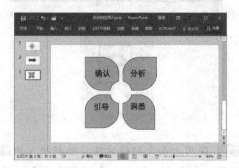

提示

在形状上单击鼠标右键，从弹出的快捷菜单中选择【编辑文字】选项，也可以输入文字。

6.2.4 几种图解的实例

本小节我们具体介绍几种图解实例。

1. 环绕型图解

本实例以环绕型图解来表示策划方案具有相同比重的六大模块的展示图解。

本小节示例文件位置如下。	
素材文件	第6章\图片1.png～图片6.png
原始文件	第6章\绘制图形.pptx
最终效果	第6章\绘制图形.pptx

1 打开本实例的原始文件，插入一张【仅标题】版式的新幻灯片并输入标题。

2 切换到【插入】选项卡，在【插图】组中，单击【形状】按钮，从弹出的下拉列表中的【基本形状】组中选择【六边形】选项。

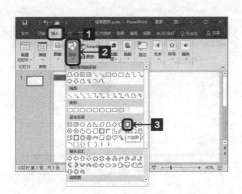

3 单击鼠标左键，绘制一个六边形，然后在【绘图工具】工具栏中的【格式】选项卡中的【大小】组中，设置宽度和高度。

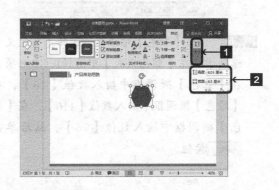

4 选中插入的形状，在【绘图工具】的【格式】选项卡下的【形状样式】组中单击【形状轮廓】按钮右侧的下三角按钮，在弹出的下拉列表中选择【无轮廓】选项。

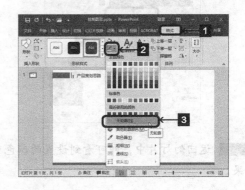

5 在【形状样式】组中，单击【形状填充】按钮右侧的下三角按钮，从弹出的下拉列表中的【主题颜色】中选择一种合适的颜色，如果列表中没有合适的颜色，在下拉列表中选择【其他填充颜色】选项。

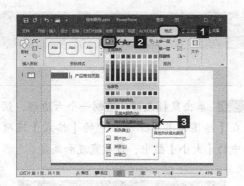

6 弹出【颜色】对话框，选择【自定义】选项卡，在【颜色模式】中选择RGB选项，在【红色】微调框中输入数值【18】，在【绿色】微调框中输入数值【116】，在【蓝色】微调框中输入数值【96】，然后单击 确定 按钮。

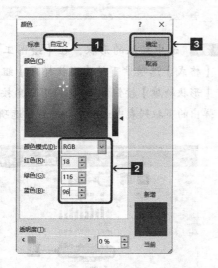

7 返回幻灯片中，即可看到设置的颜色效果。

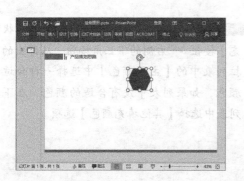

8 切换到【插入】选项卡，在【插图】组中，单击【形状】按钮，从弹出的下拉列表中的【基本形状】组中选择【梯形】选项。

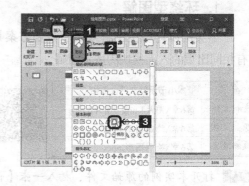

9 即可在幻灯片中插入一个梯形，效果如图所示。

10 按照上面介绍的方法为梯形设置合适的【填充颜色】和【轮廓】。效果如图所示。

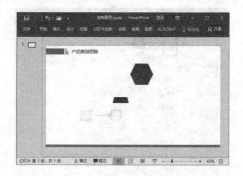

11 选中幻灯片中的梯形，调整好梯形的位置，将其放置到六边形上。这里可以利用【插入形状】组中的【编辑形状】按钮，在弹出的下拉列表中选择【编辑顶点】来调整梯形的大小，效果如图所示。

12 将调整好位置的两个形状组合到一起。

13 设置效果如图所示。

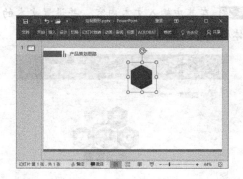

14 在幻灯片中复制5个六边形，并设置好位置，适当地调整梯形的位置。效果如图所示。

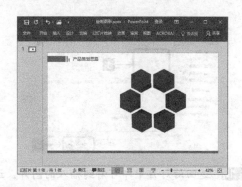

15 使用相同的方法设置六边形和梯形的填充颜色，效果如图所示。

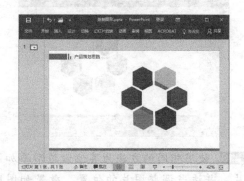

16 切换到【插入】选项卡，在【图像】组中，单击【图片】按钮。

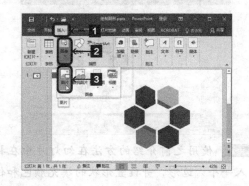

17 弹出【插入图片】对话框，在计算机中找到图片所在的位置，然后选择要插入的图片，单击 插入(S) 按钮。

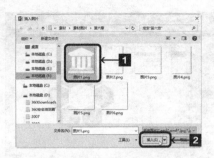

18 返回幻灯片中即可看到插入的图片，适当地调整图片的位置。效果如图所示。

19 使用相同的方法为其他六边形添加图片，并适当调整图片的位置。效果如图所示。

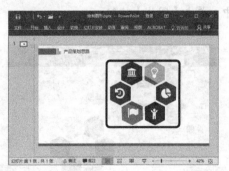

20 使用之前介绍的方法在幻灯片中在插入一个六边形，并设置形状的填充颜色和位置。

21 切换到【插入】选项卡，在【插图】组中，单击【形状】按钮，从弹出的下拉列表中的【基本形状】组中选择【文本框】选项。

22 此时鼠标指针变为↓形状，移动到幻灯片中，在要插入文本的地方，按住鼠标左键并拖动鼠标，拖动到合适大小释放鼠标左键，即可绘制一个文本框。

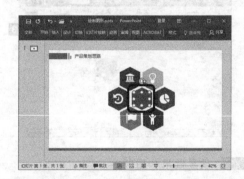

23 在其中输入文本内容，并设置文本的字体格式、段落格式等。

24 在其他形状旁边绘制文本形状，输入内容，并设置字体样式。

25 按照相同的方法，为其他形状绘制文本形状并添加内容，设置效果如图所示。

2. 递进型图解

本实例主要介绍的是递进关系。递进关系能够表示在意义上更进一层的关系。不是简单地罗列文本，而是以递进的方式设置内容，制作丰富的幻灯片效果。

本小节示例文件位置如下。	
素材文件	第6章\图片7.png～图片10.png
原始文件	第6章\绘制图形1.pptx
最终效果	第6章\绘制图形1.pptx

1 打开本实例的原始文件，在空白的幻灯片中输入标题"企业的新目标"。

2 切换到插入选项卡，在【插图】组中，单击【形状】按钮，从弹出的下拉列表中的【箭头总汇】组中选择【箭头：V形】选项。

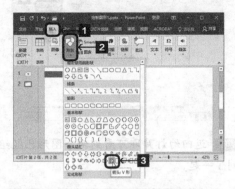

3 在幻灯片中单击鼠标左键，即可绘制一个"箭头：V形"，按照前面介绍的设置方法，调整其大小、填充颜色、轮廓。

4 按照同样的方法再绘制一个箭头形状，设置好大小和填充颜色。效果如图所示。

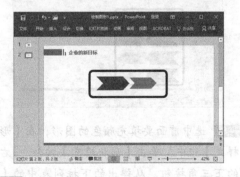

5 选中两个插入的图形，切换到【绘图工具】工具栏的【格式】选项卡，单击【排列】组中的【组合】按钮，在弹出的菜单中选择【组合】选项。

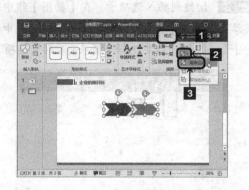

6 返回幻灯片即可看到两个图形已经组合到了一起。

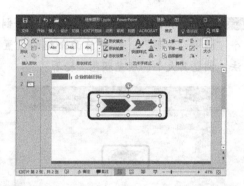

7 选中组合的形状进行复制，复制3个组合形状，调整好位置。

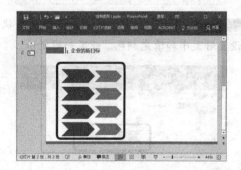

8 选中前面要填充颜色的图形，在【形状样式】组中，单击【形状填充】按钮 右侧的下三角按钮，从弹出的下拉列表中的【主题颜色】中选择一种合适的颜色。效果如图所示。

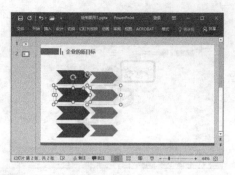

9 使用相同的方法，为其他形状添加颜色填充效果。

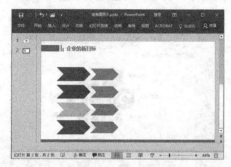

10 切换到【插入】选项卡，在【图像】组中，单击【图片】按钮。

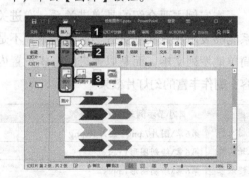

11 弹出【插入图片】对话框，在计算机中找到图片所在的位置，然后选择要插入的图片，单击 插入(S) 按钮。

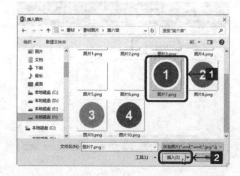

12 返回幻灯片中，即可看到插入的图片，适当地调整图片的位置。效果如图所示。

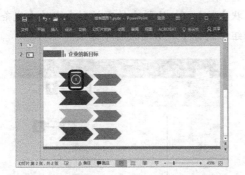

13 使用相同的方法为其他形状添加插入图片，并适当调整位置。效果如图所示。

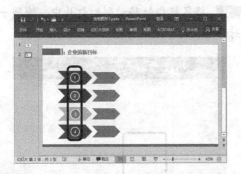

14 选中插入的小的"箭头：V形"，切换到【插入】选项卡，在【插图】组中，单击【形状】按钮，从弹出的下拉列表中的【基本形状】组中选择【文本框】选项。

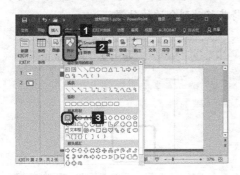

15 即可在幻灯片中绘制一个文本框，在文本框中输入需要的文本，并调整好文本的字体和大小。效果如图所示。

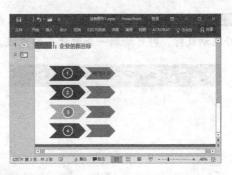

16 使用同样的方法添加其他需要的文本，效果如图所示。

3. 上升型图解

本实例以某公司销售岗位的岗位晋升为例，绘制上升型图解。

本小节示例文件位置如下。	
素材文件	第6章\11.png～12.png
原始文件	第6章\绘制图形2.pptx
最终效果	第6章\绘制图形2.pptx

1 在演示文稿中插入一张空白幻灯片，切换到【插入】选项卡，在【插图】组中，单击【形状】按钮，从弹出的下拉列表中的【线条】组中选择【线箭头】选项。

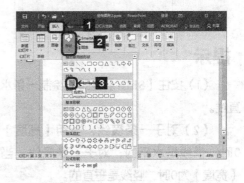

2 按住【Shift】键的同时，按住鼠标左键并拖动鼠标，即可绘制一条带箭头的直线。

3 将带箭头的直线的【颜色】设置为【黑色，文字1】，将【线条粗细】设置为【3磅】。

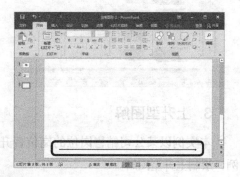

4 复制一条直线，将其向左旋转90°，设置其长度并调整其位置，使两条直线的顶点对齐。

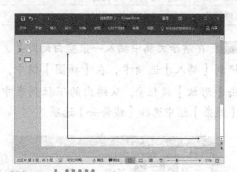

提示

（1）按住【Shift】键即可绘制一条水平直线。

（2）对于一条横线，当期【高度】为0时，横线是水平的；对于一条竖线，当期【宽度】为0时，竖线是垂直的。

5 选择【绘图工具】工具栏中的【格式】选项卡，在【插入形状】组中，单击【形状】按钮，从弹出的下拉列表中的【线条】组中选择【肘形连接符】选项。

6 将鼠标指针移动到幻灯片中，绘制一个肘形连接符，效果如图所示。

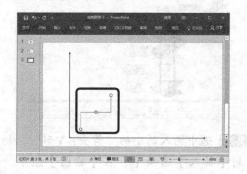

7 将其线条颜色设置为【黑色，背景1】选项，将【线条粗细】设置为【2.25磅】，并将其移动到合适的位置。

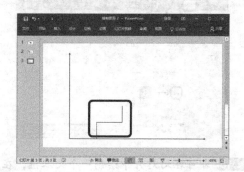

8 复制多个肘形连接符，使其首尾相连，效果如图所示。

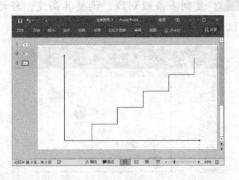

9 将多个肘形连接符组合为一个整体。

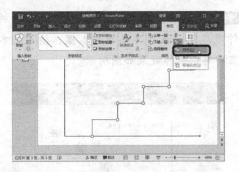

10 在幻灯片中绘制一个直径为2.5cm的圆，将【形状填充】设置为【红色】，将【形状轮廓】设置为【白色，背景1】，将【阴影】设置为【外部】➤【偏移：中】，将其移动到合适的位置。

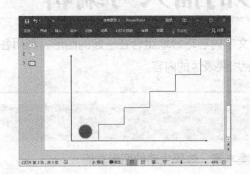

11 切换到【插入】选项卡，在【图像】组中，单击【图片】按钮。

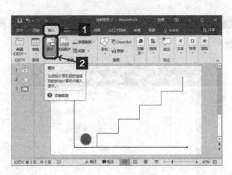

12 弹出【插入图片】对话框，找到素材文件的保存位置，选中图片，单击 插入(S) ▼ 按钮，并将其移动到合适的位置。

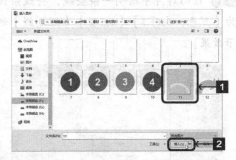

13 复制多个圆形和图片，将其移动到【肘形连接符】的横线上，并更改圆形的填充颜色，效果如图所示。

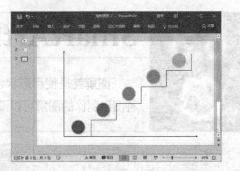

14 按照插入图片的方法，插入另一个素材文件。

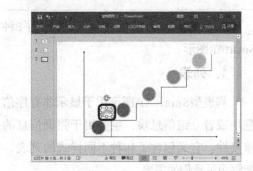

15 复制多个箭头，并移动其位置，效果如图所示。

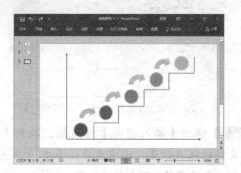

16 在幻灯片中绘制一条竖线，将线条设置为【黑色，文字1】【1.5磅】【短划线】的显示效果。

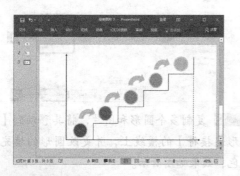

17 复制多条短划线，调整其高度，移动其位置。

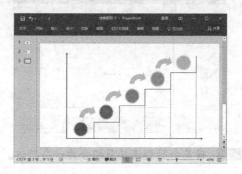

18 到这里，此上升型图解的图形部分就制作完成了。最后再添加文本框，输入文本内容即可。最终效果如图所示。

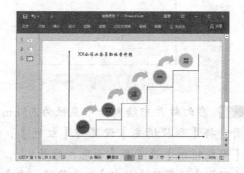

6.3 SmartArt图形的插入与编辑

图解就是使用形状、图示、文字内容巧妙地组合在一起的图形。利用各种图形制作的图解可以清晰地表现所要表达的内容。

6.3.1 SmartArt图形介绍

SmartArt图形是PowerPoint的一种功能强大、种类丰富、效果生动的图形功能。

PowerPoint 2016软件为我们提供了8种SmartArt图形。

1. 列表

列表型SmartArt图形用于显示非有序信息块或者分组信息块，主要用于强调信息的重要性。它又包含了40种不同样式的列表，能够满足我们的需要。

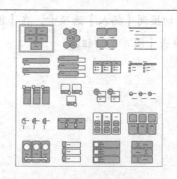

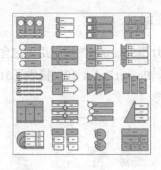

2. 流程

流程型SmartArt图形表示任务、流程或工作流中的顺序步骤，PowerPoint 2016提供了44种可选择的图形，适用于不同情况，方便快捷。

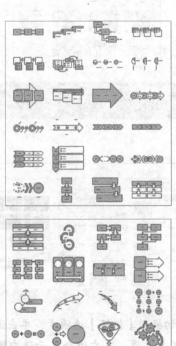

3. 循环

循环型SmartArt图形表示阶段、任务或事件的连续序列，主要用于强调重复过程。PowerPoint 2016提供了16种不同样式的图形。

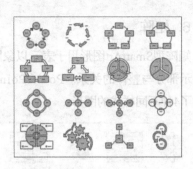

4. 层次结构

流程型SmartArt图形用于显示组织中的分层信息或上下级关系，最广泛地应用于组织结构图。PowerPoint 2016提供了13种可选择的图形。

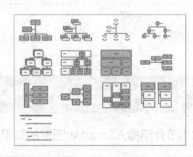

5. 关系

关系型SmartArt图形用于表示两个或多个项目之间的关系，或者多个信息集合之间的关系。PowerPoint 2016提供了37种可选择的图形。

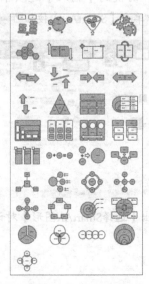

6. 矩阵

矩阵型SmartArt图形用于表示以象限的方式显示部分与整体的关系。PowerPoint 2016提供了4种不同样式的图形。

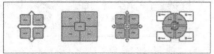

7. 棱锥图

棱锥图用于显示与顶部或底部最大一部分之间的比例关系。PowerPoint 2016提供了4种不同样式的图形。

8. 图片

图片型SmartArt图形应用于包含图片的信息列表。PowerPoint 2016提供了31种不同样式的图形。

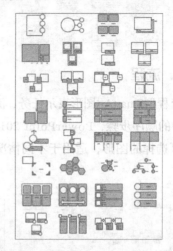

6.3.2 插入SmartArt图形

本小节介绍插入SmartArt图形的知识。

本小节示例文件位置如下。	
原始文件	第6章\企业战略管理1.pptx
最终效果	第6章\企业战略管理1.pptx

1 打开本实例的原始文件，切换到第4张幻灯片，切换到【插入】选项卡，在【插图】组中单击【SmartArt】按钮 。

2 弹出【选择SmartArt图形】对话框。

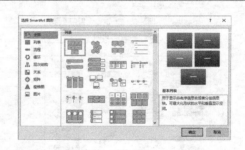

3 切换到【循环】选项卡，单击选中【基本循环】选项，在右边会显示选中图形的大图及其特点。

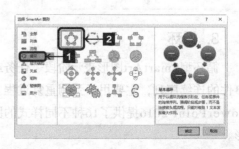

4 单击 确定 按钮，即可在幻灯片的适当位置插入一个基本循环型图形。

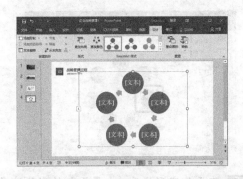

6.3.3 编辑SmartArt图形

插入SmartArt图形后，还可以编辑SmartArt图形。

⬇	本小节示例文件位置如下。
原始文件	第6章\企业战略管理1.pptx
最终效果	第6章\企业战略管理1.pptx

1. 在SmartArt图形中添加形状

1 使用【添加形状】按钮添加形状。选中插入的SmartArt图形中的最后一个形状，切换到【SmartArt工具】工具栏的【设计】选项卡下，在【创建图形】组中单击【添加形状】按钮 右侧的下三角按钮，在弹出的下拉列表中选择【在后面添加形状】选项。

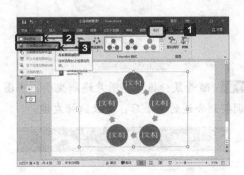

2 即可在选中形状后面添加一个形状。

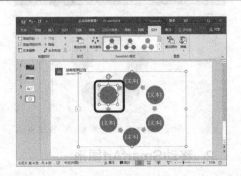

3 使用鼠标右键添加形状。在SmartArt图形中的最后一个形状上单击鼠标右键，在弹出的快捷菜单中选择【添加形状】➤【在前面添加形状】选项。

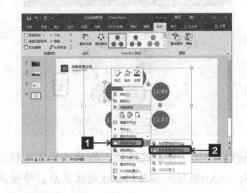

4 随即在选中形状的前面添加了一个新形状。

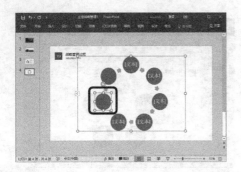

5 在添加完形状后，如果添加的形状过多，我们可以对其进行删除。选中添加的形状，按【Delete】键即可删除，效果如图所示。

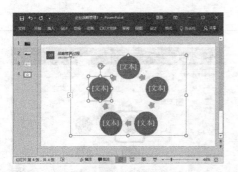

2. 移动SmartArt图形

1 选中整个SmartArt图形，将鼠标指针移动到SmartArt图形的边框处，鼠标指针变为 ✣ 形状。

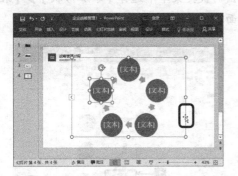

2 按住鼠标左键不放，拖动鼠标即可移动SmartArt图形，移动到合适的位置后，释放鼠标左键即可。

3. 调整SmartArt图形的大小

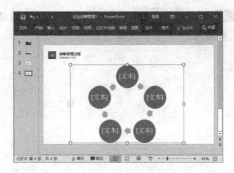

1 将鼠标指针移动到SmartArt图形的右下角，鼠标指针变为 ⤡ 形状。

2 按住鼠标左键不放，当鼠标指针变为 ＋ 形状时，将鼠标指针向左上方拖动。

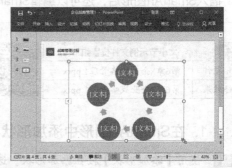

3 随着鼠标拖动，图片逐渐变小，当图片调整到合适的大小后，释放鼠标左键。

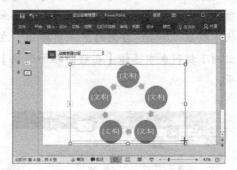

调整到合适大小

4. 设置SmartArt图形的对齐方式

1 选中整个SmartArt图形，切换到【SmartArt工具】工具栏【格式】选项卡，在【排列】组中单击【对齐】按钮 对齐，在弹出的下拉列表中选择【水平居中】选项。

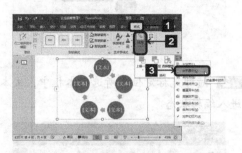

2 返回幻灯片，即可看到SmartArt图形已经相对幻灯片水平居中对齐。

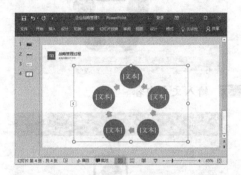

5. 设计SmartArt图形的样式

1 选中整个SmartArt图形，切换到【SmartArt工具】工具栏的【设计】选项卡，在【SmartArt样式】组中单击【快速样式】按钮。

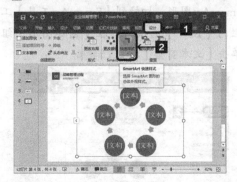

2 在【SmartArt样式库】中选择【三维】
➤【优雅】选项。

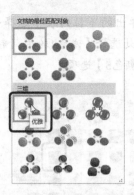

3 返回幻灯片，效果如图所示。

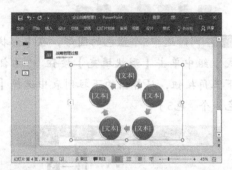

4 设置SmartArt图形的某一部分。同时选中5个大的圆形。

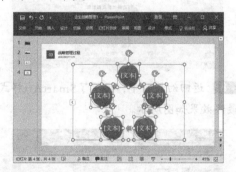

5 切换到【SmartArt工具】栏的【格式】选项卡，在【形状样式】组中单击【其他】按钮。

6 在弹出的下拉列表中选择一种合适的颜色,此处选择【浅色1轮廓,彩色填充-蓝色,强调颜色5】选项。

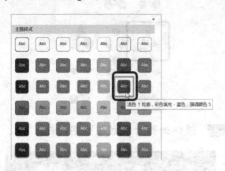

7 同时选中5个蓝色的圆形,在【形状样式】组中单击【形状填充】按钮右侧的下三角按钮,从弹出的下拉列表中选择【蓝色,个性色5】。

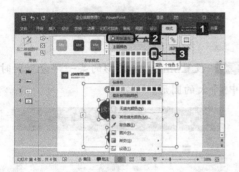

8 返回幻灯片中,设置了SmartArt样式的最终效果如图所示。

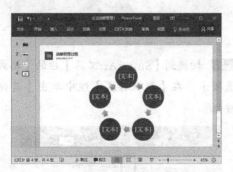

6. 在SmartArt图形中输入文本

1 单击文本框输入文本。在需要输入文本的文本框上单击鼠标右键,在弹出的快捷菜单中选择【编辑文字】选项。

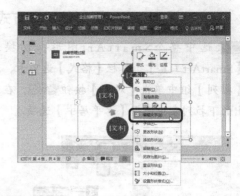

2 随即光标定位到所选文本框中,文本框进入编辑状态。

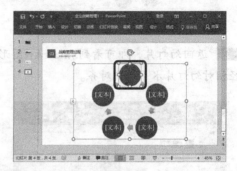

3 输入文本内容。

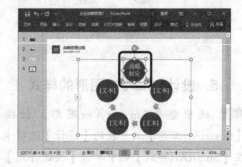

4 为多个文本框输入文本。选中整个SmartArt图形,切换到【SmartArt工具】工具栏的【设计】选项卡,在【创建图形】组中单击【文本窗格】按钮。

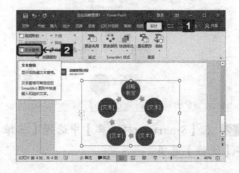

5 随即在幻灯片中弹出【在此处键入文字】窗格。

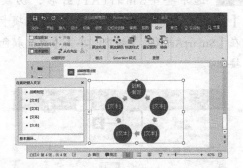

6 此时，用户可以直接在【在此处键入文字】窗格中的项目符号后输入文本内容。

7 设置文本格式。在【在此处键入文字】窗格中选中所有文本，单击鼠标右键，在弹出的快捷菜单中选择【字体】选项。

8 弹出【字体】对话框，系统自动切换到【字体】选项卡，在【中文字体】下拉列表中选择【微软雅黑】选项，在【大小】微调框中输入30，单击【字体颜色】按钮，在弹出的下拉列表中选择一种合适的颜色。

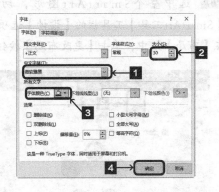

9 单击 确定 按钮，返回【在此处键入文字】窗格。

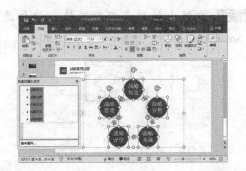

10 文本输入完毕，单击【关闭】按钮 ×，返回幻灯片中，最终效果如图所示。

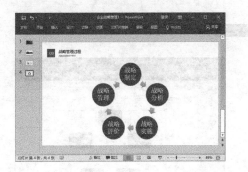

7. 更改SmartArt图形布局

对于已经设置完成的SmartArt图形，我们还可以用另一种SmartArt图形来替换。具体操作步骤如下。

1 选中整个SmartArt图形，切换到【SmartArt工具】工具栏的【设计】选项卡，在【布局】组中，单击【更改布局】按钮。

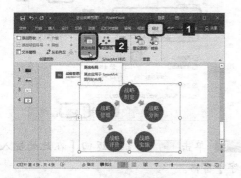

2 在弹出的列表框中选择一种合适的SmartArt图形。

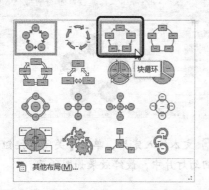

3 返回幻灯片中，最终效果如图所示。

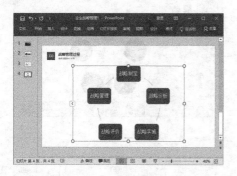

8. 更改SmartArt图形整体配色

1 选中整个SmartArt图形，切换到【SmartArt工具】工具栏的【设计】选项卡，在【SmartArt样式】组中，单击【更改颜色】按钮。

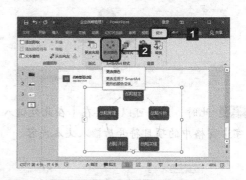

2 在弹出的列表框中选择一种合适的配色方案，例如选择【彩色范围-个性色5至6】选项。

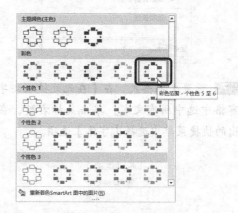

3 返回幻灯片中，最终效果如图所示。

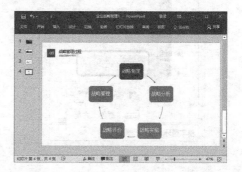

高手过招

快速复制图形

复制图形的方法非常多，最基本的方法是按【Ctrl】+【C】组合键复制，然后按【Ctrl】+【V】组合键进行粘贴。这里我们介绍更简便快捷的复制图形的方法。

方法1：选中需要复制的图形，直接按【Ctrl】+【D】组合键，复制一个图形，如果连续按，会复制多个图形。

方法3：选中需要复制的图形，按【Ctrl】+【Shift】组合键，拖曳鼠标，即可在水平方向或垂直方向复制图形。

方法2：选中需要复制的图形，按【Ctrl】键，拖动图形至任意位置，即可将图形复制到该位置。

转换SmartArt图形

1. 转换为文本

如果想把SmartArt图形中的文本提取出来，可以使用转换功能，将其转换为文本。

❶ 选中整个SmartArt图形，切换到【SmartArt工具】工具栏的【设计】选项卡，在【重置】组中，单击【转换】按钮，从弹出的下拉列表中选择【转换为文本】选项。

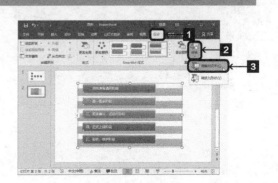

2 返回幻灯片中，即可看到SmartArt图形中的文本被提取出来。

2. 转换为形状

将SmartArt图形转换为形状后，可以使每个部分独立出来，方便对每一个独立的形状进行调整、移动、删除等。

1 选中整个SmartArt图形，切换到【SmartArt工具】工具栏的【设计】选项卡，在【重置】组中，单击【转换】按钮，从弹出的下拉列表中选择【转换为形状】选项。

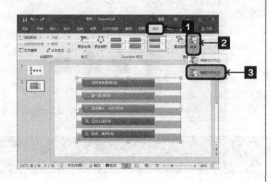

2 返回幻灯片中，即可看到SmartArt图形被转换为形状，此时整个形状是被组合在一起的，选中形状，单击鼠标右键，从弹出的快捷菜单中选择【组合】▷【取消组合】选项。

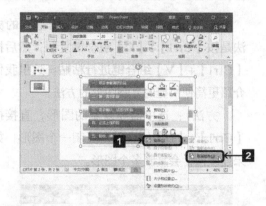

3 此时即将形状取消组合，可对每一个形状进行编辑了。

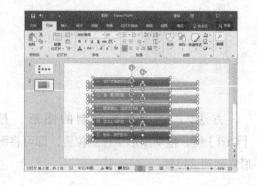

第7章

表格的插入与设置

表格是重要的数据分析工具之一，表格也是幻灯片中经常使用的表达主题的方式，使用表格能够让复杂的数据显示得更加整齐，更加规范。

关于本章知识，本书配套教学资源中有相关的多媒体教学视频，视频路径为【编辑幻灯片\表格的插入与设置】。

7.1 插入与调整表格

在幻灯片中，表格是简化数据、突出重点的好工具。本节介绍插入表格的知识。

7.1.1 表格设计技巧

如果幻灯片中的文字过多，这就需要我们提炼主题，使内容层次清晰。

1. 文不如字，字不如表

表格可以使复杂的数据简单化，规范化。表格的视觉效果要比文字强很多。

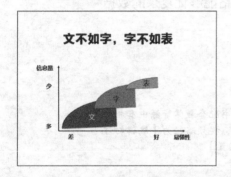

2. 用好Office自带的表格样式

商务报告中通常会出现大量的段落或数据，表格是组织这些文字和数据的最好选择。

Office 2016提供了多种表格样式，用户可以根据需要选用。

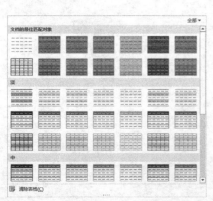

应用表格样式后的表格效果如图所示。

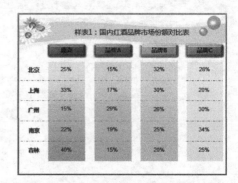

3. 美化表格

除了应用样式外，用户还可以通过加大字号、给文字着色、添加标记、背景反衬等方式突出关键字，美化表格。

美化的表格效果如图。

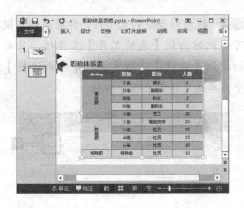

4. 经典表格模板展示

　　用活表格，让你的表格会说话。精美的表格具有很强的视觉化效果，能够轻松地展示演示文稿要表达的主题内容。

　　利用简单的图形组合成形式多样的表格，加上漂亮的幻灯片背景，对观众具有很强的吸引力。

　　下面是一些简洁的表格，利用单元格不同的背景颜色来反衬文字，给人一种别具一格的感受。

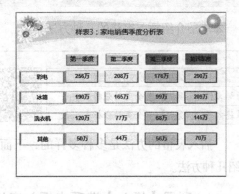

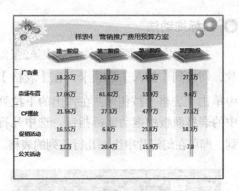

7.1.2 插入表格

本小节介绍插入表格的几种方法。

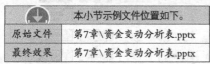

	本小节示例文件位置如下。
原始文件	第7章\资金变动分析表.pptx
最终效果	第7章\资金变动分析表.pptx

插入表格的方法是多种多样的，下面介绍几种方法。

1. 利用【插入】选项卡插入表格

○ 鼠标拖动法

打开本实例的原始文件，选中第2张幻灯片，切换到【插入】选项卡，在【表格】组中单击【表格】按钮，在弹出的下拉列表中的表格面板中拖动鼠标指针，选中几行几列，即可在幻灯片中绘制几行几列的表格。

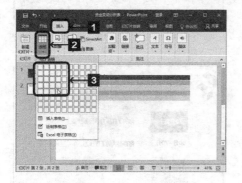

○ 自行绘制表格

■ 1 打开本实例的原始文件，选中第2张幻灯片，切换到【插入】选项卡，在【表格】组中单击【表格】按钮，在弹出的下拉列表中选择【绘制表格】选项。

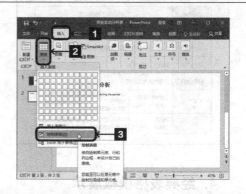

■ 2 此时鼠标指针变为 ∅ 形状，按住鼠标左键，拖动鼠标，即可绘制表格的外边框。

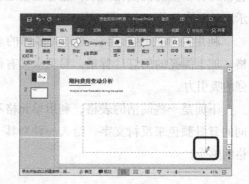

■ 3 拖动到合适的大小后，释放鼠标左键即可。此时出现【表格工具】工具栏，且自动切换到【设计】选项卡，在【绘制边框】组中，单击【绘制表格】按钮。

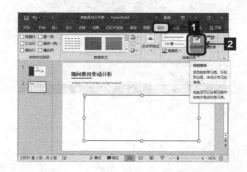

4 鼠标指针变为 ∅ 形状，在表格内部绘制内部边框即可。

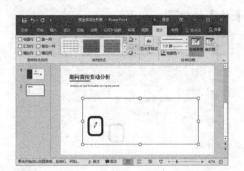

5 绘制完毕后，按【Esc】键，退出绘制状态。

| 提示 |

（1）在绘制表格内部框线时，如果鼠标指针过于靠近外框线，容易绘制出另一个表格外边框，此时用户可以离外框线远一点再开始绘制内边框。

（2）自行绘制表格时，不容易掌握表格的行高和列宽。

（3）当表格有较多行或者较多列时，自行绘制表格的方法就显得很麻烦。

○ 利用表格对话框插入表格

1 打开本实例的原始文件，选中第2张幻灯片，切换到【插入】选项卡，在【表格】组中单击【表格】按钮，在弹出的下拉列表中的选择【插入表格】选项。

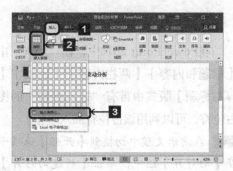

2 弹出【插入表格】对话框，在【列数】和【行数】微调框中分别输入表格的列数和行数，此处输入【8】和【5】。

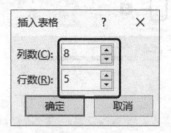

3 单击 确定 按钮，返回幻灯片中，即可看到插入的5行8列的表格。

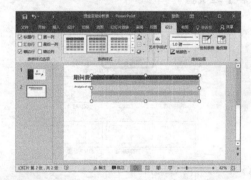

4 使用鼠标拖动法，将表格移动到合适的位置即可。

2. 利用占位符插入表格

在PowerPoint 2016中，在"版式"中的【标题和内容】【两栏内容】【比较】【内容与标题】版式中带有"插入表格"的图标占位符，可以利用该占位符插入表格。

1 在演示文稿中切换到【开始】选项卡，在【幻灯片】组中，单击【新建幻灯片】按钮的下半部分。

2 从弹出的下拉列表中选择【标题和内容】选项。

3 即可在演示文稿中插入一张【标题和内容】版式的幻灯片，在占位符中单击【插入表格】按钮。

4 弹出【插入表格】对话框，在【列数】和【行数】微调框中分别输入【8】和【5】，单击 确定 按钮。

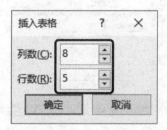

5 返回幻灯片中，即可看到插入的表格。

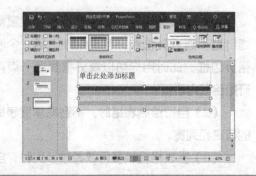

7.1.3 调整表格

调整表格包含调整表格位置、大小、行数、列数等方面。

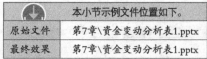

	本小节示例文件位置如下。
原始文件	第7章\资金变动分析表1.pptx
最终效果	第7章\资金变动分析表1.pptx

1. 选择表格

在进行表格的其他操作之前，要学会如何选择表格以及表格的行和列。

1 打开本实例的原始文件，在表格上单击鼠标，即可选中整个表格。

2 使用鼠标拖动法选择表格的列。将鼠标指针放在要选择的列的第一个单元格上，鼠标指针呈I形状显示，按住鼠标左键，向下拖动即可选中整列。但是表格的行比较多时，拖动鼠标会比较麻烦。

3 使用【选择】按钮选择表格的列。将光标定位到要选择的列的任意一个单元格中，切换到【表格工具】工具栏的【布局】选项卡，单击【表】组中的【选择】按钮，从弹出的下拉列表中选择【选择列】选项。

4 此时即可选中表格的列。

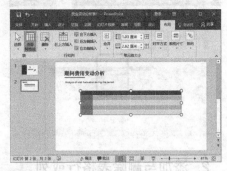

5 使用【选择】按钮选择多列时，需要先选择表格列中的多个单元格，然后切换到【表格工具】工具栏的【布局】选项卡，单击【表】组中的【选择】按钮，从弹出的下拉列表中选择【选择列】选项。

6 直接选择法。不将光标定位到表格中时，将鼠标指针移动到需要选择的列的上方（表格的外部），此时鼠标指针呈↓形状显示，单击鼠标左键即可选中整列。

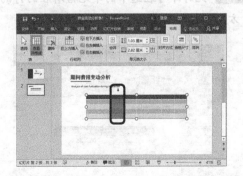

7 使用此方法选择多列时，只要在表格列的上方，鼠标指针↓呈形状显示，按住鼠标左键并拖动鼠标，完成多列选择后释放鼠标左键即可。

2. 添加与删除表格行或列

表格中可能会根据需要添加行或列，下面具体介绍在表格中添加行和列、删除行和列的方法。

1 添加单行。选中表格的任意单元格，切换到【表格工具】工具栏的【布局】选项卡，在【行和列】组中，单击【在上方插入】按钮。

2 此时即可在选中的单元格所在的行的上方插入新的一行。

3 插入多行。选中同一列中的2个单元格，切换到【表格工具】工具栏的【布局】选项卡，在【行和列】组中，单击【在下方插入】按钮。

4 即可在选中的区域下方添加新的两行。

5 删除行。选中表格行，切换到【表格工具】工具栏的【布局】选项卡，在【行和列】组中，单击【删除】按钮，从弹出的下拉列表中选择【删除行】选项，即可将选中的行删除。

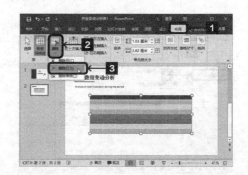

7.2 编辑与美化表格

对于已经插入的表格，还需要在表格中输入文本内容、设计表格的外观等，本节介绍编辑和美化表格的方法。

7.2.1 编辑表格

上一节已经学习了插入表格的方法，但可能出现表格的行数、列数以及格式与我们的需求不相符的情况，这时就需要对表格进行相应的编辑。下面具体介绍如何编辑表格。

本小节示例文件位置如下。	
原始文件	第7章\资金变动分析表2.pptx
最终效果	第7章\资金变动分析表2.pptx

1. 设置表格的对齐方式

1 选中整个表格，切换到【表格工具】工具栏的【布局】选项卡，在【排列】组中单击【对齐】按钮，在弹出的下拉列表中选择【水平居中】选项。

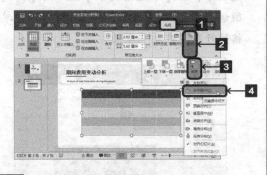

2 随即表格相对幻灯片水平居中。

3 单击【排列】组的【对齐】按钮，在弹出的下拉列表中选择【垂直居中】选项。

4 随即表格相对幻灯片垂直居中。

2. 设置表格行高和列宽

表格的基本框架已经做好了，接下来对表格的格式进行调整，使表格更加美观。调整行高与调整列宽的方法相同，下面以调整行高为例介绍其具体步骤。

1 将光标移动到表格第1行的下框线上，鼠标指针变为 ÷ 形状。

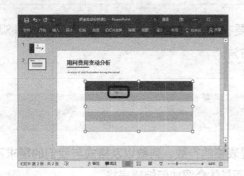

2 按住鼠标左键不放，向下拖动鼠标，出现虚线的位置即为设置新行高后第1行表格下框线的位置。

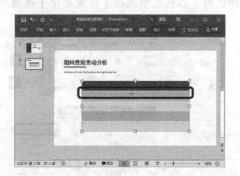

3 拖动到合适的位置后，释放鼠标左键，效果如图所示。

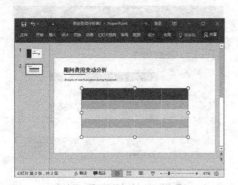

4 将光标定位在表格第2行的左侧，鼠标指针变为 → 形状。

5 按住鼠标左键不放，向下拖动到表格的最后1行，即可选中表格的第2行~第5行。

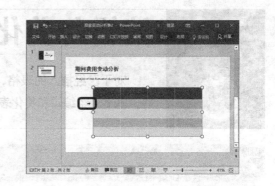

6 切换到【表格工具】工具栏的【布局】选项卡，在【单元格大小】组中的【高度】微调框中输入【1.5厘米】，即可将选中单元格的行高调整为1.5厘米。

7 用户可以按照相同的方法设置表格的列宽。

8 调整好单元格行高和列宽后，在单元格中输入相关内容即可，输入完成后可对其字体格式进行设置。效果如图所示。

3. 设置单元格边距

单元格边距就是文字与表格边框的距离。单元格边距越小，越节约空间。适当的单元格边距，使文字不会与边框靠得太近，更加美观。我们可以根据表格编辑的具体情况，设置单元格边距。具体操作步骤如下。

1 选中表格，切换到【表格工具】工具栏的【布局】选项卡，单击【对齐方式】组中的【单元格边距】按钮。

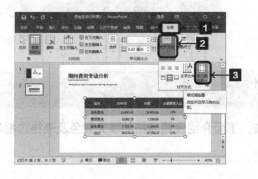

2 从弹出的下拉列表中选择一种合适的【单元格边距】选项，如果在下拉列表没有合适的选项，就选择【自定义边距】选项。

3 弹出【单元格文本布局】对话框，在【内边距】组合框中的【向左】【顶部】【向右】【底部】微调框中输入合适的单元格边距数值即可。

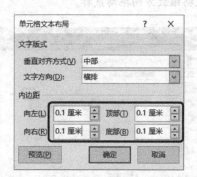

4 单击 确定 按钮，返回幻灯片表格即可。

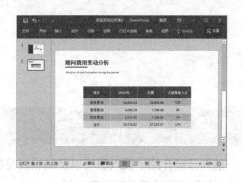

4. 调整表格整体大小

在编辑表格时，不仅可以更改行高、列宽，还可以直接更改整个表格的大小。具体操作步骤如下。

1 选中表格，此时表格边框上出现8个控制点，将鼠标指针移动到4个角的任意一个控制点上，鼠标指针呈 ↖ 形状。

2 按住鼠标左键，鼠标指针变成十形状后沿表格缩放方向拖动鼠标。

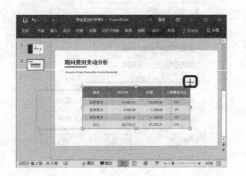

3 调整至合适大小后释放鼠标左键，此时表格的行高和列宽都发生了变化。

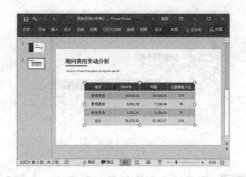

4 使用鼠标拖动的方法，要使表格的行高和列宽以相同的比例增加或者减小，是比较困难的。此时可以切换到【表格工具】工具栏的【布局】选项卡，在【表格尺寸】组中，选中【锁定纵横比】复选框。

5 例如，在【高度】微调框中输入一个合适的数值，【宽度】会以与原来相同的比例自动增加或者减少。

7.2.2 美化表格

前面已经介绍了插入表格以及编辑表格的方法，下面介绍设置表格的填充颜色及表格边框的方法，从而增强演示文稿的可视性。

1. 应用表格样式

表格样式即是表格边框和底纹的显示效果。

1 打开本实例的原始文件，选中第2张幻灯片中的表格，切换到【表格工具】工具栏的【设计】选项卡，在【表格样式】组中，单击【其他】按钮 。

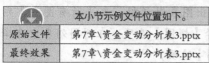

2 从弹出的下拉列表中选择一种合适的表格样式即可。

3 返回幻灯片中，即可看到应用表格样式后的效果。

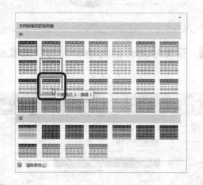

4 表格样式添加完成后也可以对表格颜色进行调整。选中要进行颜色调整的行。

5 切换到【设计】选项卡中，单击【底纹】按钮右侧的下三角按钮，在弹出的下拉列表中选择【其他填充颜色】选项。

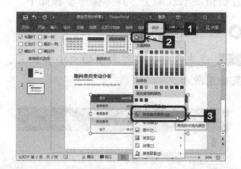

6 弹出【颜色】对话框，切换到【标准】选项卡，选择一个合适的颜色即可。

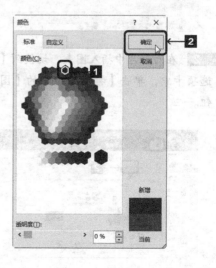

7 返回幻灯片中，即可看到添加的颜色效果。

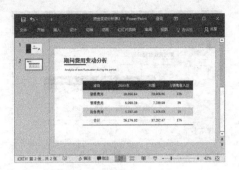

2. 设置表格样式

清除了表格样式后，我们就可以自行设置表格显示效果了，具体操作步骤如下。

○ **设置表格布局样式**

1 选中表格，调整表格的大小和位置，效果如图所示。

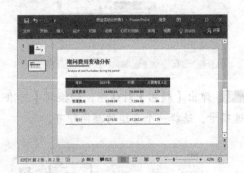

2 在幻灯片中插入图表，切换到【插入】选项卡中，单击【插图】组中的【图表】按钮。

3 弹出图表对话框，在【所有图表】列表中选择【饼图】选项，在饼图列表中选择【圆环图】选项。

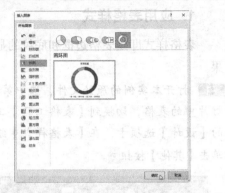

4 单击【确定】按钮，即可将图添加到幻灯片中，效果如图所示。

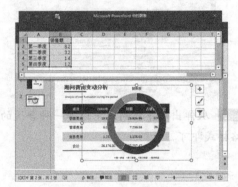

5 设置好图形的大小和数据，效果如图所示。

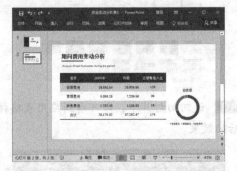

6 在表格下方设置图表标注，并设置图表的背景样式。效果如图所示。

7 设置圆环图表的数据样式，最终效果如图所示，这里我们就不过多讲解，在下一章中我们会具体介绍图表的设置。

高手过招

使用橡皮擦合并单元格

前面我们介绍了利用【合并单元格】方法合并单元格，现在介绍另一种方法。

1 打开素材文件，选中表格，切换到【表格工具】工具栏的【设计】选项卡，在【绘制边框】组中单击【橡皮擦】按钮。

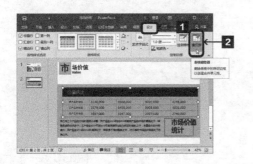

2 将鼠标指针移动到幻灯片中，此时鼠标指针变为∅形状。

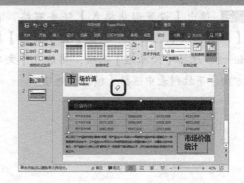

3 在表格边框上，按住鼠标左键并拖动鼠标，即可擦除表格边框，将相邻两个单元格合并为一个单元格。

使单元格的文字竖排显示

在表格中，文字不仅可以横排显示，还可以竖排显示。

1 选中需要竖排显示文字的单元格，单击鼠标右键，从弹出的快捷菜单中选择【设置形状格式】选项。

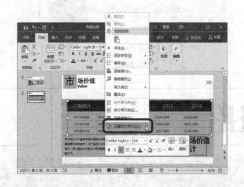

2 弹出【设置形状格式】任务窗格，在【形状选项】选项卡中单击【大小属性】按钮，选择【文本框】选项，然后在【文字方向】下拉列表中选择【横排】选项。

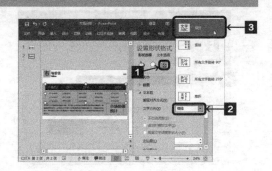

3 设置完毕，单击【关闭】按钮 ×，返回幻灯片中，效果如图所示。

第8章

图表的创建与设计

图表是数据的形象化表达。使用图表，可以使数据显示更具可视化的效果，它展示的不仅仅是数据，还有数据的发展趋势。

关于本章知识，本书配套教学资源中有相关的多媒体教学视频，视频路径为【编辑幻灯片\图表的创建与设计】。

8.1 认识图表

制作图表型幻灯片时，需要根据数据信息的内容选择合适的图表种类。图表的种类是多种多样的，在制作图表之前我们先来认识图表。

PowerPoint 2016提供了柱形图、折线图、饼图、条形图、面积图、ＸＹ（散点图）、股价图、曲面图、雷达图、组合图10种图表，各种图表表达重点各不相同。了解图表的特点，根据实际情况选择合适的图表，才能更好地表达PPT的主题。下面我们来详细认识各种图表。

1. 柱形图

柱形图是一种以柱形的高低来表示数据值大小的图表，它只有一个变量，通常用于较小的数据集分析。

不过在使用三维柱形图的时候要特别注意，这种图表容易使听众产生错觉，很难进行精确的数据比较。

PowerPoint 2016提供了7种柱形图。

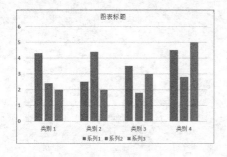

2. 折线图

折线图是用直线段将各数据点连接起来而组成的图形，以折线方式显示数据的变化趋势。折线图在表示数据的连续性、数据的变化趋势方面有着非常显著的效果，它强调的是时间性和变动率，而不是变动量。

PowerPoint 2016提供了7种折线图。

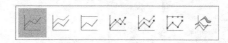

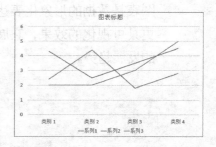

3. 饼图

饼图对于显示各组成部分之间的大小比例关系非常有用。但是它只能添加一个系列数据的比例关系，这也是饼图自身的一个特点。所以在强调某个比较重要的数据时，饼图非常有用。

PowerPoint 2016提供了5种饼图。

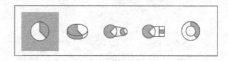

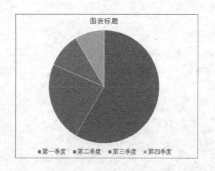

4. 条形图

条形图可以看成是翻转90°的柱形图，它是用来描述各个项目之间数据差别情况的图表。与柱形图相比，它不太重视时间因素，强调的是在特定的时间点上进行分类轴和数值的比较。

PowerPoint 2016自带的条形图共有6种。

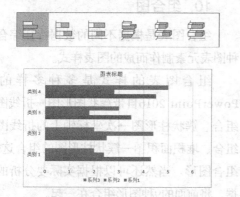

5. 面积图

面积图强调数量随时间变化而变化的程度，也可用于引起人们对总值趋势的注意。例如，表示随时间变化而变化的利润的数据可以绘制在面积图中以强调总利润。

PowerPoint 2016自带的面积图共有6种。

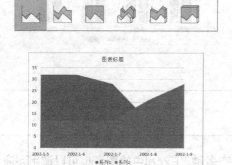

6. XY（散点图）

散点图有两个数值轴，沿水平轴（x轴）方向显示一组数值数据，沿垂直轴（y轴）方向显示另一组数值数据。散点图将这些数值合并到单一数据点并以不均匀间隔或簇显示它们。

散点图显示若干数据系列中各数值之间的关系，或者将两组数绘制为 xy 坐标的一个系列。散点图通常用于显示和比较数值，例如科学数据、统计数据和工程数据。

PowerPoint 2016自带的XY（散点图）共有7种。

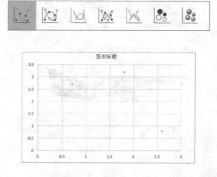

7. 股价图

股价图经常用来显示股价的波动。此外，这种图表也可用于科学数据。例如，可以使用股价图来显示每天或每年温度的波动。必须按正确的顺序组织数据才能创建股价图。

PowerPoint 2016自带的股价图共有4种。

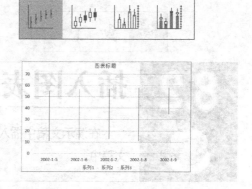

8. 曲面图

如果要找到两组数据之间的最佳组合，可以使用曲面图。就像在地形图中一样，颜色和图案表示具有相同数值范围的区域。

当类别和数据系列都是数值时，可以使用曲面图。

PowerPoint 2016自带了4种曲面图。

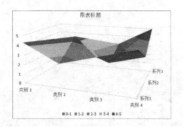

9. 雷达图

雷达图又称为蜘蛛网图，它用于显示数据系列相对于中心点以及彼此数据类别之间的变化，它的每一个分类都有自己的数字坐标轴。

PowerPoint 2016自带的雷达图有3种，分别是雷达图、带数据标记的雷达图和填充雷达图。

10. 组合图

组合图表是根据不同的数据特征综合多种图表元素制作而成的图表样式。

组合图表的样式是多种多样的，PowerPoint 2016自带簇状图形图—折线图的组合、簇状柱形图—次坐标轴上的折线图的组合、堆积面积图—簇状柱形图的组合这3种组合图形。当然还可以根据实际要分析的数据，将前面的9种图形组合在一起。

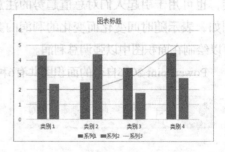

8.2 插入图表

在演示文稿中插入图表的方法有多种，Excel中的图表也可以调用到演示文稿中。

1. 利用占位符插入图表

利用幻灯片版式自带的图表占位符插入图表时，需要新建一张带有图表占位符的幻

本节示例文件位置如下。	
素材文件	第8章\销售数据1.xlsx、销售数据2.xlsx
原始文件	第8章\制作图表.pptx
最终效果	第8章\制作图表.pptx

灯片，然后在新建的幻灯片中插入图表。

1 打开本实例的原始文件，切换到第2张幻灯片，用户可以看到【仅标题】版式幻灯片中没有【插入图表】占位符，切换到【开始】选项卡，在【幻灯片】组中，单击【幻灯片版式】按钮 ▦▾。

2 在弹出的下拉列表中选择一种带有【插入图表】占位符版式的幻灯片，例如选择【标题和内容】版式的幻灯片。

3 返回幻灯片中，在占位符中单击【插入图表】按钮 ▦。

4 随即弹出【插入图表】对话框，切换到【柱形图】选项卡，选择【簇状柱形图】选项，单击 确定 按钮。

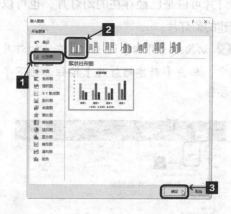

5 随即在图表的占位符内插入一个簇状柱形图表，同时会出现一个单独的【Microsoft PowerPoint 中的图表】的电子表格。

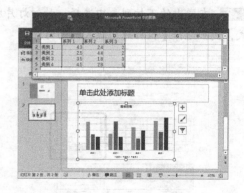

提示

刚插入图表时，【Microsoft PowerPoint中的图表】的电子表格中显示的行、列以及数据都是示例数据，所以只有更改后才能显示插入图表所设置的相关数据。

2. 利用菜单项插入图表

利用菜单项在幻灯片中插入图表，该张幻灯片可以是已经存在的幻灯片，也可以是新建的幻灯片。

1 切换到【开始】选项卡，在【幻灯片】组中，单击【新建幻灯片】按钮的下半部分按钮。

2 在弹出的下拉列表中选择一种幻灯片版式，例如选择【仅标题】版式的幻灯片。

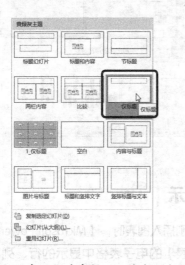

3 即可在幻灯片中插入一张新幻灯片，切换到【插入】选项卡，单击【插图】组中的【图表】按钮 。

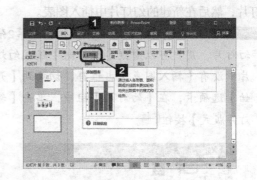

4 随即弹出【插入图表】对话框，切换到【折线图】选项卡，选择【折线图】选项，单击 确定 按钮。

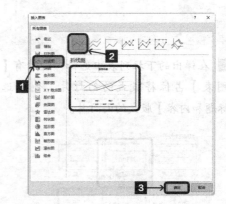

5 随即在幻灯片中插入一个折线图表，并弹出一个单独的【Microsoft PowerPoint 中的图表】的电子表格。

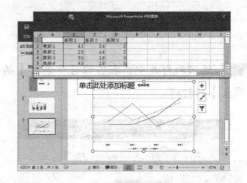

3. 复制Excel中的图表

我们都知道Excel才是专门的数据处理和分析的办公软件，在演示文稿中需要的图表，可以直接从Excel中复制过来。

1 打开素材文件"销售数据2.xlsx",切换到工作表Sheet1,选中图表,按【Ctrl】+【C】组合键复制。

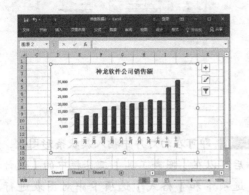

2 打开演示文稿,插入一张新幻灯片,按【Ctrl】+【V】组合键进行粘贴。

此时单击【粘贴选项】按钮右侧的下三角按钮,在弹出的下拉列表中共有5个选项。下面分别介绍这些选项的功能。

使用目标主题:复制Excel图表到PowerPoint中,并按照PowerPoint中已使用的主题来重新设置图表的格式。

嵌入工作簿:将Excel图表复制到PowerPoint中,同时将Excel图表数据也复制到PowerPoint中。该选项将Excel工作簿作为一个对象保存到PowerPoint中,断开了与原工作簿的联系。

保留源格式:保留原Excel图表的所有格式。

链接数据:将复制Excel图表到PowerPoint中,同时将该图表链接到原工作簿

图表数据中。如果原工作簿中的图表数据修改了,PowerPoint中的图表也会相应改变。

图片:将图表作为一个图片对象插入到PowerPoint中。

4. 导入Excel数据

用户可以将在Excel中编辑完成的Excel数据表文件,导入到幻灯片中制作图表。

1 在演示文稿中插入一张新幻灯片,切换到【插入】选项卡,在【文本】组中单击【对象】按钮。

2 弹出【插入对象】对话框,选中【由文件创建】单选钮,然后单击 浏览(B)... 按钮。

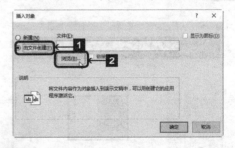

3 弹出【浏览】对话框,找到Excel文件的保存位置,选中工作簿,单击 确定 按钮。

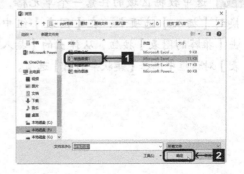

4 返回【插入对象】对话框，即可在【文件】文本框中看到工作簿的保存位置，然后单击 确定 按钮。

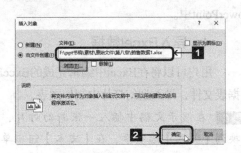

5 随即工作表中的数据被插入到幻灯片中。

6 双击工作表进入图表的编辑状态。

7 选中数据区域的任意一个单元格，切换到【插入】选项卡，在【图表】组中单击【推荐的图表】按钮，从弹出的【插入图表】对话框中选择【簇状条形图】选项。

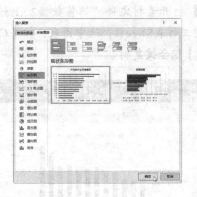

8 即可在幻灯片中插入簇状条形图表，然后可以在【图表工具】工具栏中的【设计】选项卡和【格式】选项卡中对图表进行美化，我们会在后面进行详细讲解。

9 图表设计完成后，切换到【图表工具】工具栏中的【设计】选项卡，单击【移动图表】按钮。

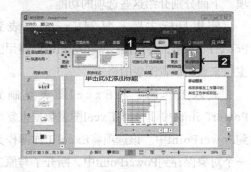

10 弹出【移动图表】对话框，选中【新工作表】单选钮，然后单击 确定 按钮。

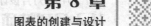

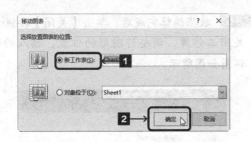

11 图表设计完成后，单击图表外的任意位置，即可返回幻灯片中。

8.3 图表制作实例

本节我们以制作饼形图、条形图为例，介绍制作、美化图表的方法。

8.3.1 制作饼形图

饼图常用于表示某一部分在总体中所占的份额的大小。

本小节示例文件位置如下。	
原始文件	第8章\制作图表1.pptx
最终效果	第8章\制作图表1.pptx

本实例我们利用上一章资金变动的案例来具体讲解在幻灯片中插入饼图的方法。

通过插入饼图我们可以清晰地看出销售费用、管理费用、财务费用占总费用的比例。

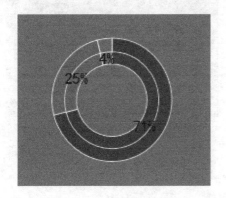

1. 制作辅助同心圆环

○ 插入圆环图

1 打开本实例的原始文件，选中第2张幻灯片，切换到【插入】选项卡，在【插图】组中单击【图表】按钮。

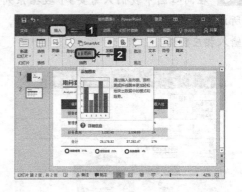

2 弹出【插入图表】对话框，切换到【饼图】选项卡，选中【圆环图】选项，然后单击 确定 按钮。

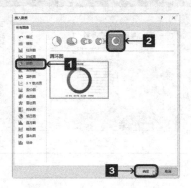

3 随即在图表的占位符内插入一个圆环图，同时会出现一个单独的【Microsoft PowerPoint 中的图表】的电子表格，单击电子表格中的【在Microsoft Excel中编辑数据】按钮。

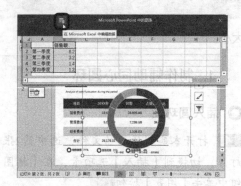

4 在同心圆中我们只需要3个数据系列，所以在弹出的工作簿中删除多余的数据，并输入相应数据。

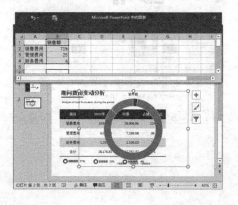

5 数据编辑完成后，单击【关闭】按钮×关闭工作簿，调整好图形的位置，插入的圆环图如图所示。

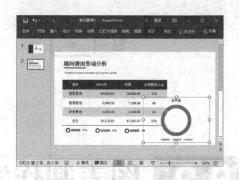

6 删除图例，使用同样的方法再插入一个同样的圆环图形。调整图表的大小和位置。

7 在插入圆环图形后，我们发现它们的颜色并不相同，下面我们可以设置圆环图形的颜色。选中最大的圆环图形，在要更改颜色的形状上单击鼠标右键。

8 打开【设置数据点格式】任务窗格，单击【填充线条】按钮◇，在【填充】组中选中【纯色填充】单选钮，单击【颜色】按钮，从弹出的颜色库中选择一种合适的颜色。

9 按照同样的方法，设置其他圆环的颜色。设置完毕，单击【关闭】按钮×，返回幻灯片中，最终效果如图所示。

10 设置好颜色后，可以在圆环图形上插入一个文本框，输入相应的数据标签，效果如图所示。

11 为圆环图形添加一个背景图形，插入一个矩形形状，并设置好颜色。

12 选中图形将颜色置于底层即可。

2. 制作主体扇区

○ 插入饼图

1 切换到【插入】选项卡，在【插图】组中单击【图表】按钮。

2 弹出【插入图表】对话框，切换到【饼图】选项卡，选中【三维饼图】选项，然后单击 确定 按钮。

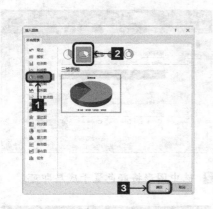

3 随即在图表的占位符内插入一个三维饼图，同时会出现一个单独的【Microsoft PowerPoint 中的图表】的电子表格，在表格中输入统计数据。

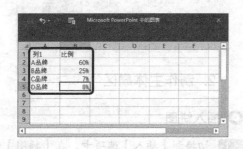

4 输入完毕，单击【关闭】按钮 × ，关闭工作簿，插入的饼图如图所示。

○ **设置饼图格式**

1 删除图表标题和图例。

2 设置数据点格式。在图形上单击鼠标右键，在弹出的任务窗格中选择【设置数据点格式】。

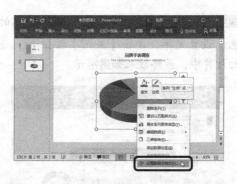

3 弹出【设置数据点格式】任务窗格，单击【填充线条】按钮 ◇ ，在【填充】组中选中【纯色填充】单选钮。

4 单击【颜色】右侧下拉箭头，在弹出的下拉列表中选择【其他颜色】选项。

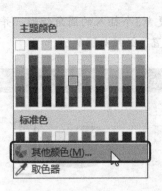

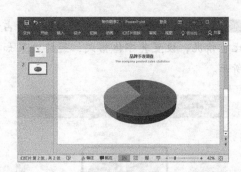

5 弹出【颜色】对话框,切换到【标准】选项卡,选择一种合适的颜色选项。单击 确定 按钮。

8 选中其中一部分图形,双击图形,随后弹出【设置数据点格式】任务窗格,切换到【系列选项】选项。在【点爆炸型】微调框中输入【10%】。

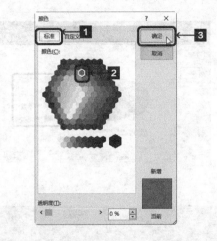

6 单击【关闭】按钮 ×,返回幻灯片中,即可看到颜色更改后的效果。

9 使用相同的方法一次为其他3个图形设置饼图分离程度。最终效果如图所示。

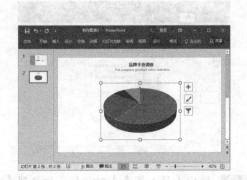

7 使用同样的方法调整其他颜色。

10 插入一个文本框,在文本框中输入A品牌的比重【60%】,设置字体格式,效果如图所示。

11 按照同样的方法，添加其他品牌所占的比重情况，设置其字体格式，最终效果如图所示。

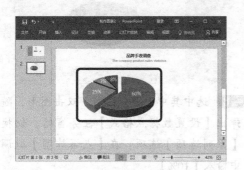

12 在幻灯片中插入一个圆角矩形，设置其大小和颜色，效果如图所示。

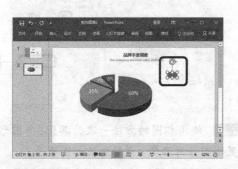

13 复制3个插入的圆角矩形，并调整其颜色及位置，效果如图所示。

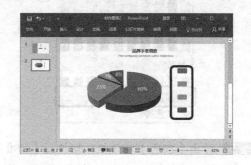

14 输入相应的文本内容，调整好文本格式及大小，效果如图所示。

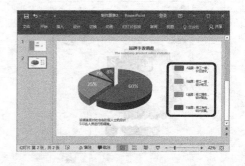

8.3.2 制作折线图

本小节介绍制作折线图的方法。

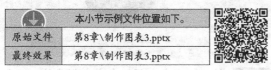

	本小节示例文件位置如下。
原始文件	第8章\制作图表3.pptx
最终效果	第8章\制作图表3.pptx

本小节我们以统计公司主营业务为例，介绍制作折线图的方法。

1. 制作折线图

1 打开本实例的原始文件，选中第3张幻灯片，切换到【插入】选项卡，在【插图】组中，单击【图表】按钮。

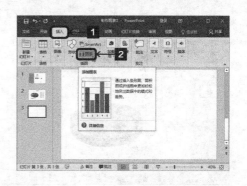

2 弹出【插入图表】对话框，切换到【折线图】选项卡，选中【带数据标记的折线图】选项，然后单击 确定 按钮。

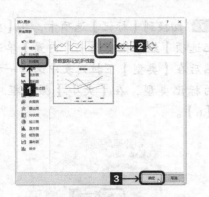

3 随即在图表的占位符内插入一个折线图，同时会出现一个单独的【Microsoft PowerPoint 中的图表】的电子表格，在表格中输入统计数据。

4 输入完毕，单击【关闭】按钮×，关闭工作簿，即可看到插入的折线图。

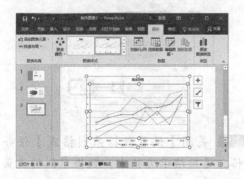

2. 美化折线图

插入折线图以后，还可以根据实际情况添加图表元素。图表的数据标签、坐标轴等图表元素，用户不仅可以使用系统自带的格式，还可以自行设置，使图表更加美观、有特色。

○ **设置数据系列格式**

1 选中折线图，将其调整至合适的大小和位置，效果如图所示。

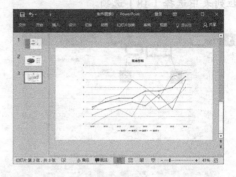

2 设置图表标题和图例。由于该幻灯片中在折线图下方添加了标题，原有的标题和图例多余，可以将其删除。

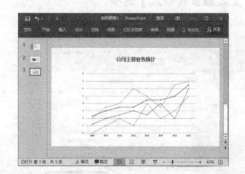

3 设置坐标轴格式。选中垂直（值）轴，切换到【开始】选项卡中，在【字体】组中的【字体】下拉列表中选择【微软雅黑】选项，在【字号】下拉列表中选择【16】选项。

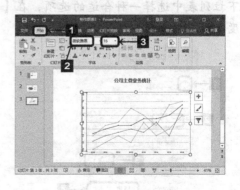

4 选中横排（值）轴，切换到【开始】选项卡中，在【字体】组中的【字体】下拉列表中选择【微软雅黑】选项，在【字号】下拉列表中选择【18】选项。

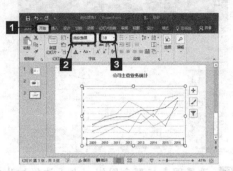

5 设置数据系列。选中数据系列，单击鼠标右键，从弹出的快捷菜单中选择【设置数据系列格式】选项。

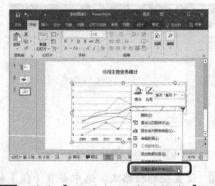

6 弹出【设置数据系列格式】任务窗格，单击【填充线条】按钮 ◇ ，在其中切换到【线条】选项卡，在【线条】组合框中选中【实线】单选钮，然后在【颜色】下拉列表中选择一种合适的选项，在【宽度】微调框中输入【2.5磅】。

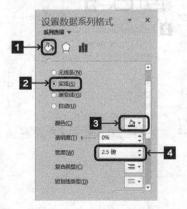

7 切换到【标记】选项卡，在【数据标记选项】组合框中选中【内置】单选钮，然后在【类型】下拉列表中选择一种合适的标记类型，在【大小】微调框中输入【6】。

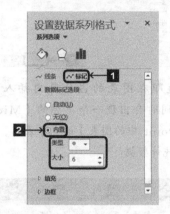

8 在【填充】组合框中选中【纯色填充】选项，然后在【颜色】下拉列表中选择【蓝色】选项。

9 关闭【设置数据系列格式】任务窗格，返回演示文稿中，数据系列的设置效果如图所示。

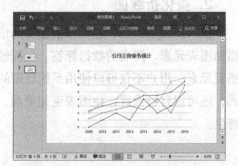

10 使用同样的方法设置其他数据系列的颜色。效果如图所示。

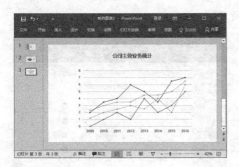

○ 添加数据标签

1 调整图表的大小和位置后，选中房产投资总金额数据系列，切换到【图表工具】工具栏的【设计】选项卡，在【图表】布局组中，单击 添加图表元素 按钮，从弹出的下拉列表中选择【数据标签】▶【数据标注】选项。

2 在数据标注上单击鼠标右键，在弹出的快捷菜单中选择【更改数据标签形状】▶【椭圆】选项。

3 返回幻灯片中，即可看到添加效果。

4 使用同样的方法，添加数据标签形状。效果如图所示。

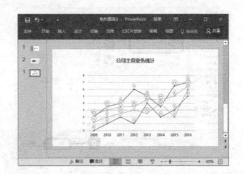

5 如果数据标签看起来太密集，我们也可以将其删除。最终效果如图所示。

○ 自定义图例

1 在幻灯片中调整好折线图的大小，切换到【插入】选项卡，在【图像】组中单击【图片】按钮 。

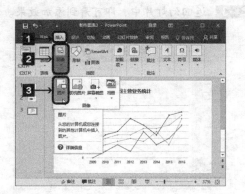

2 随即弹出【插入图片】对话框，选择图片的位置，单击 插入(S) 按钮。

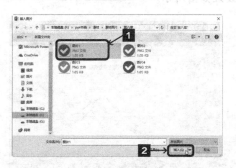

3 返回幻灯片中，即可看到添加的图片，调整好位置继续添加其他3张图片。效果如图所示。

4 在对应的图片后面添加图例的名称即可。效果如图所示。

高手过招

图片填充数据系列

图表中的数据系列不仅可以用颜色填充，还可以用图片填充，这样可以使图表更生动、形象。

1 打开本实例的素材文件，右侧柱形图表示公司男女比例，现在我们将左侧的图片填充到右侧的柱形图中。

2 选中灰色的男生图片，单击鼠标右键，从弹出的快捷菜单中选择【复制】选项。

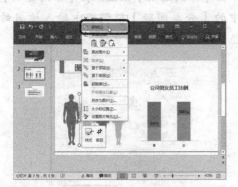

3 在图表中，两次单击"系列1-男数据点"，然后按【Ctrl】+【V】组合键，即可看到将图片填充到系列1后的效果。

4 将绿色的男生图片填充到"系列2-男数据点"。

5 在数据点系列2的"男"图上，单击鼠标右键，从弹出的下拉列表中选择【设置数据点格式】选项。

6 弹出【设置数据点格式】任务窗格，单击【填充线条】按钮，在【填充】组中，选中【层叠】单选钮。

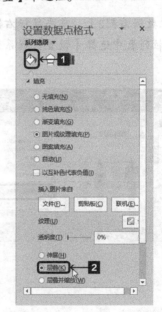

7 设置完毕，单击【关闭】按钮×，返回幻灯片中，效果如图所示。

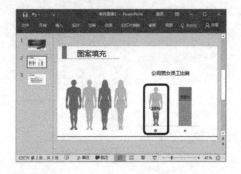

8 按照同样的方法，将图片填充到系列1和系列2的数据点女中，此时两个数据点是没有完全重合的，效果如图所示。

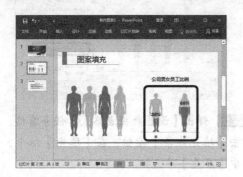

9 在数据系列2上，单击鼠标右键，从弹出的下拉列表中选择【设置数据系列格式】选项。

10 弹出【设置数据系列格式】任务窗格，单击【系列选项】按钮，在【系列选项】组中的【分类间距】微调框中输入适当的数值，使各数据点完全重合。

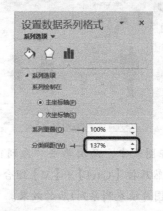

11 设置完毕，单击【关闭】按钮×，返回幻灯片中，效果如图所示。

第9章

添加多媒体文件

在幻灯片中插入声音和视频对象，可以使演示文稿声情并茂，提高演示文稿的表现力，增强演示文稿的播放效果，从而吸引观众的注意力，调动观众的积极性。

关于本章知识，本书配套教学资源中有相关的多媒体教学视频，视频路径为【添加多媒体动画和超链接\添加多媒体文件】。

9.1 添加音频

在PowerPoint 2016中，可以为演示文稿添加音频，或者针对某一部分内容添加旁白，让演示文稿更加生动有趣。

9.1.1 PowerPoint 2016支持的音频格式

在PowerPoint 2016中添加音频之前，首先要了解它支持的音频格式。

PowerPoint 2016支持的音频格式比较多，右图列举的音频格式都可以添加到PowerPoint 2016中。

用户在添加音频文件时，选择比较方便的格式即可。

音频文件	音频格式
AIFF音频文件(aiff)	*.aif*、.aifc*、.aiff
AU音频文件(au)	*.au、*.snd
MIDI文件(midi)	*.mid、*.midi、*.rmi
MP3音频文件(mp3)	*.mp3、.m3u
Windows音频文件(wav)	*.wav
Windows Media音频文件(wma)	*.wma、*.wax
Quick Time音频文件(aiff)	*.3g2、*.3gp、*.aac、*.m4a、*.m4b、*.mp4

9.1.2 添加PC中的音频

系统提供了多种音频文件，用户可以从中直接选择合适的音频文件插入到PPT中。

本小节示例文件位置如下。	
素材文件	第9章\钢琴.mp3
原始文件	第9章\2016年终总结.pptx
最终效果	第9章\2016年终总结.pptx

1 打开本实例的原始文件，选中第1张幻灯片，切换到【插入】选项卡，单击【媒体】组中的【音频】按钮，从弹出的下拉列表中选择【PC上的音频】选项。

2 弹出【插入音频】对话框，选中需要插入的音频文件，单击 插入(S) 按钮。

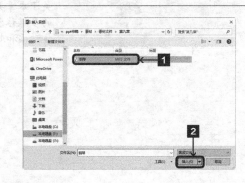

3 即可将选中的音频插入到幻灯片中，然后将声音图标移动到合适的位置。

9.1.3 录制音频

PowerPoint 2016提供有录制音频的功能。

	本小节示例文件位置如下。
原始文件	第9章\2016年终总结1.pptx
最终效果	第9章\2016年终总结1.pptx

1. 添加备注

备注是指不表现在幻灯片中，仅供讲解者使用的与幻灯片相关联的内容。下面介绍添加备注的方法。

○ 在备注页视图中添加备注

1 打开本实例的原始文件，选中第4张幻灯片，切换到【视图】选项卡，单击【演示文稿视图】组中的【备注页】按钮 。

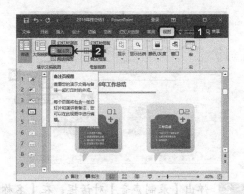

2 随即演示文稿进入备注页视图，用户可以在【备注】文本框中输入备注内容，如图所示。

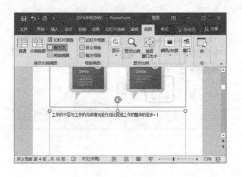

3 选中备注页中的备注内容，切换到【开始】选项卡，单击【字体】组右下角的【对话框启动器】按钮 。

4 弹出【字体】对话框，在【西文字体】下拉列表中选择【Times New Roman】选项，在【中文字体】下拉列表中选择【微软雅黑】选项。

5 单击 确定 按钮，返回幻灯片中。切换到【视图】选项卡，单击【演示文稿视图】组中的【普通】按钮 ，即可返回普通视图。

○ 在普通视图中添加备注

1 选中第5张幻灯片中，将鼠标指针移动到任务栏的上边框上，此时鼠标指针变为⬍形状。

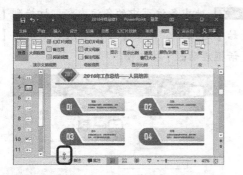

2 按住鼠标左键不放，向上拖动鼠标，备注页显示出来，并显示文本"单击此处添加备注"提示信息。

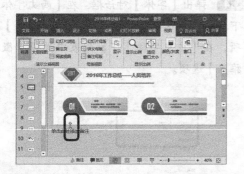

3 在备注页中输入备注内容并设置其格式即可。

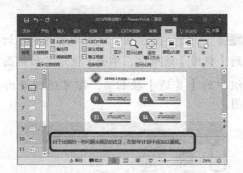

4 备注编辑完成后，将鼠标移动到备注页的上边框处，当鼠标指针变为⬍形状，按住鼠标左键并拖动鼠标即可将备注页隐藏起来。

2. 添加录制音频

前面介绍了添加文本备注的方法，此外，用户还可以将这些备注内容直接录制为音频添加到幻灯片中。录制音频的具体操作步骤如下。

1 选中第4张幻灯片，切换到【插入】选项卡，单击【媒体】组中【音频】按钮◀ ，从弹出的下拉列表中选择【录制音频】选项。

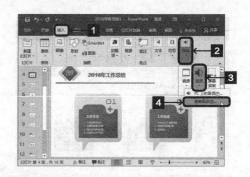

2 弹出【录制声音】对话框，在【名称】文本框中输入音频名称，例如输入【总结1】，单击【录制】按钮● ，即可开始声音的录制。

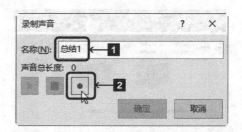

3 声音录制完成后，单击【完成】按钮◼即可。

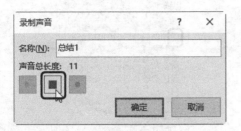

4 如果想试听录制的音频，单击【播放】按钮▶即可。

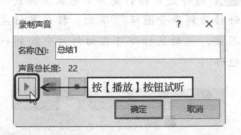

5 声音录制完成后，单击 确定 按钮，返回幻灯片中，即可将选中的音频插入到幻灯片中，然后将声音图标移动到合适的位置。

9.2 音频的播放与格式设置

添加音频后，可以播放音频，并进行音频音量调整、添加书签、裁剪音频、隐藏音频图标等设置。

9.2.1 播放音频

在PowerPoint 2016中添加音频之后，可以播放音频，试听其效果。

本小节示例文件位置如下。
原始文件	第9章\2016年终总结2.pptx
最终效果	第9章\2016年终总结2.pptx

1. 在【音频工具】中播放

打开本实例的原始文件，在第1张幻灯片中选中声音图标，切换到【音频工具】工具栏的【播放】选项卡，单击【预览】组中的【播放】按钮🔊，即可进行音频的播放。

2. 在【音频】控制面板中播放

选中第1张幻灯片中的【音频】图标 ，出现音频控制面板，单击【播放】按钮 即可播放音频。

在音频控制面板中，单击【向前】按钮 、【向后】按钮 ，即可以0.25秒的时间间隔向前或向后移动音频。单击【音量】图标 ，即可调整音频的音量大小。

3. 利用播放按钮控制声音

在幻灯片播放声音的同时，可能还需要进行其他的工作，因此可以手动控制声音的播放。

1 打开第1张幻灯片，切换到【插入】选项卡，在【插图】组中单击【形状】按钮。

2 在弹出的下拉列表中的【矩形】组中选择【矩形】选项。

3 随即鼠标指针变为＋形状，将鼠标指针移动到声音图标 下面，按住鼠标左键不放，拖动鼠标即可在幻灯片中绘制一个矩形。

4 在矩形上单击鼠标右键，在弹出的快捷菜单中选择【编辑文字】选项。

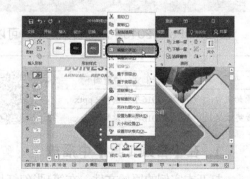

5 输入文本【播放】，并将字体格式设置为【微软雅黑】【28号】【白色，背景1】。

6 选中该矩形，切换到【绘图工具】栏的【格式】选项卡，单击【形状样式】组右下角的【对话框启动器】按钮。

7 弹出【设置形状格式】任务窗格，切换到【形状选项】选项卡，单击【填充线条】按钮，在【填充】组合框中选中【纯色填充】单选钮，然后单击【颜色】按钮，在弹出的下拉列表中选择【其他颜色】选项。

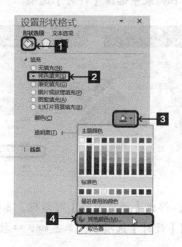

8 弹出【颜色】对话框，切换到【标准】选项卡，从中选择一种合适的颜色，单击确定按钮，

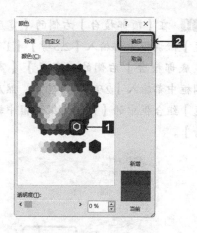

9 返回【设置形状格式】任务窗格，在【线条】组合框中选中【无线条】单选钮。

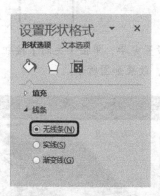

10 单击【效果】按钮，在【三维格式】组合框中的【顶部棱台】下拉列表中选择【角度】选项。

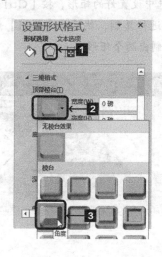

11 在【顶部棱台】右侧的【宽度】【高度】微调框中都输入【2.5磅】【1磅】，在【底部棱台】右侧的【宽度】【高度】微调框中都输入【2磅】【1磅】，然后在【深度】组合框中的【大小】微调框中输入【45磅】。

12 设置完毕，单击【关闭】按钮 ×，返回幻灯片，效果如图所示。

13 选中设置好的矩形，按【Ctrl】+【C】组合键进行复制，然后按【Ctrl】+【V】粘贴，复制出两个矩形。

14 将复制的两个小矩形中的文本更改为【暂停】【停止】。

15 设置声音的播放效果。选中幻灯片中的声音图标，切换到【动画】选项卡，在【高级动画】组中单击 动画窗格 按钮。

16 弹出【动画窗格】任务窗格，单击音频文件"钢琴"右侧的下三角按钮 ▼，在弹出的下拉列表中选择【计时】选项。

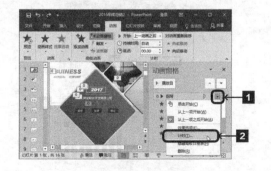

17 弹出【播放音频】对话框，系统自动切换到【计时】选项卡，单击 触发器(T) ▼ 按钮。

18 选中【单击下列对象时启动效果】单选钮，然后在其右侧的下拉列表中选择触发对象为【矩形5：播放】选项，单击 确定 按钮。

19 返回幻灯片，再次选中声音图标 ，切换到【动画】选项卡，在【高级动画】组中单击【添加动画】按钮 。

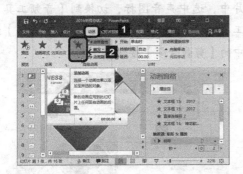

20 在弹出的下拉列表中的【媒体】组中选择【暂停】选项。

21 此时右侧的【动画窗格】任务窗格中出现【暂停】动画，单击【暂停】对应的音频文件右侧的下三角按钮 ，在弹出的下拉列表中选择【计时】选项。

22 弹出【暂停音频】对话框，系统自动切换到【计时】选项卡，单击 触发器(T) 按钮。

23 选中【单击下列对象时启动效果】单选钮，然后在其右侧的下拉列表中选择触发对象为【矩形17：暂停】选项。

24 单击 确定 按钮，返回幻灯片，用户可以按照相同的方法设置【停止】按钮的动画效果。

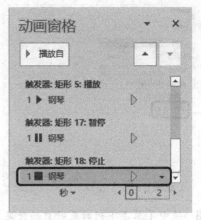

25 设置完毕，单击【关闭】按钮 ×，返回幻灯片中即可。这样在放映幻灯片时，用户就可以通过单击【播放】【暂停】【停止】按钮来控制声音的播放。

9.2.2 设置播放选项

插入声音后，可以设置声音的播放效果，具体操作步骤如下。

	本小节示例文件位置如下。
原始文件	第9章\2016年终总结 3 .pptx
最终效果	第9章\2016年终总结 3 .pptx

1. 裁剪音频

在【音频工具】工具栏中，可以对音频进行简单的设置，例如当音频过长时，可以将多余的部分裁剪掉。

1 打开本实例的原始文件，在第1张幻灯片中，选中声音图标，切换到【音频工具】工具栏的【播放】选项卡，单击【编辑】组中的【剪裁音频】按钮 。

2 弹出【剪裁音频】对话框，在【音频轨迹】上单击鼠标左键，即可显示时间位置。

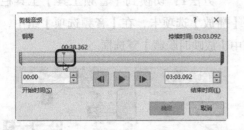

3 在【开始时间】微调框中输入要裁剪音频的开始时间，例如输入【00:09.530】。系统默认的【结束时间】为音频最末尾的时间。

4 将鼠标指针移动到音频最后的滚动条上，当鼠标指针变为 形状时，按住鼠标左键并向右拖动鼠标，即可调整裁剪音频的结束时间，单击 确定 按钮，即可完成剪裁。

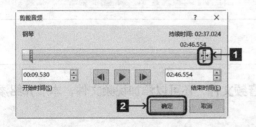

5 在步骤4中的【剪裁音频】对话框中，可以看到音频的开始位置是两句音频中间的空白位置，而结束位置是在一段音频的中间。为了防止声音在最后突然结束得生硬，我们可以设置音频的【淡化持续时间】，切换到【音频工具】工具栏的【播放】选项卡，在【编辑】组中的【淡入】和【淡出】微调框中分别输入【03.00】。

提示

淡入：是指在音频剪辑开始的几秒内使用淡入淡出效果。

淡出：是指在音频剪辑结束的几秒内使用淡入淡出效果。

2. 设置音频选项

1 设置自动播放。切换到【音频工具】栏的【播放】选项卡，在【音频选项】组中的【开始】下拉列表中选择【自动】选项。

2 设置音频跨幻灯片循环播放。在【音频选项】组中，选中【跨幻灯片播放】复选框和【循环播放，直到停止】复选框。

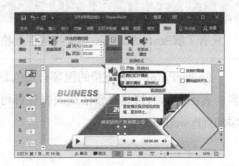

提示

跨幻灯片播放：是指在第1张幻灯片中插入音频后，即使播放到其他幻灯片，音频文件依然会播放。

循环播放，直到停止：是指在不切换幻灯片的情况下，音频会一直循环播放。

3 设置幻灯片放映音量。在【音频选项】组中单击【音量】按钮，在弹出的下拉列表中选择【高】选项。

3. 放映时隐藏音频图标

方法1：切换到【音频工具】工具栏的【播放】选项卡，在【音频选项】组中，选中【放映时隐藏】复选框。

方法2：在幻灯片中，将声音图标拖动到幻灯片以外的空白区域，也可以在放映时隐藏声音图标。

9.3 添加视频

演示文稿中不仅可以添加音频文件，还可以添加视频文件，本节介绍添加视频文件的知识。

9.3.1 PowerPoint 2016支持的视频格式

只有了解PowerPoint 2016支持的视频格式，那么在准备素材时，才能事半功倍。

PowerPoint 2016支持的视频格式也非常多，右图所示的这些视频格式的视频都可以添加到PowerPoint 2016中。

视频文件	视频格式
Windows Media file(asf)	*.asf、*.asx、*.wpl、*.wm、*.wmx、*.wmd、*.wmz、*.dvr-ms
Windows video file(avi)	*.avi
Movie file(mpeg)	*.mpeg、*.mpg、*.mpe、*.mlv、*.m2v、*.mod、*.mp2、*.mpv2、*.mp2v、*.mpa
Windows Media Video file(wmv)	*.wmv、*.wvx
Adobe Flash Media	*.swf
Quick Time Movie file	*.mov
MP4 Video	*.mp4、*.m4v、*.mp4v、*.3gp、*.3jpp、*.3g2、*.3gp2
MPEG-2 TS Video	*.m2ts、*.m2t、*.ts、*.mts、*.tts

9.3.2 添加PC中的视频

在PowerPoint 2016中添加本地计算机中的视频文件，会使幻灯片更加精彩。

本小节示例文件位置如下。	
素材文件	第9章\商业计划.avi
原始文件	第9章\2016年终总结4.pptx
最终效果	第9章\2016年终总结4.pptx

1 打开本实例的原始文件，选中第3张幻灯片，切换到【开始】选项卡，单击【幻灯片】组中的【新建幻灯片】按钮的下半部分按钮。

2 从弹出的下拉列表中的【Office主题】组中选择【空白幻灯片】选项。

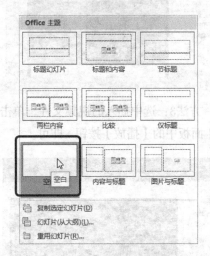

3 即可在演示文稿中插入一张空白的幻灯片。

4 切换到【插入】选项卡，在【媒体】组中，单击【视频】按钮，在弹出的下拉列表中选择【PC上的视频】选项。

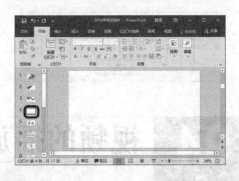

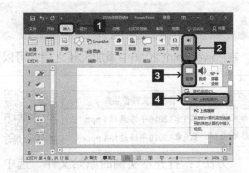

5 弹出【插入视频文件】对话框，找到视频的保存位置，选中视频"商业计划.avi"，然后单击【插入】按钮。

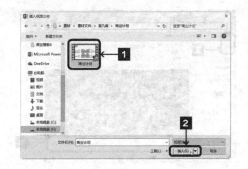

6 弹出一个提示框，提示"PowerPoint正在升级此媒体文件以优化兼容性和播放。这可能需要一些时间，具体取决于文件大小。如果取消，将不会插入媒体"。

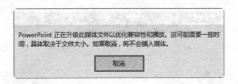

7 插入后的效果如图所示。

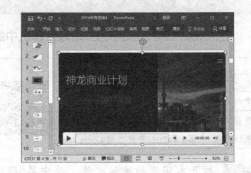

9.4 视频的播放与设置

添加视频以后，可以预览视频，并进行相关的视频播放设置，例如添加书签、优化兼容性等。

9.4.1 播放视频

在PowerPoint 2016中添加视频之后，可以预览视频，查看播放效果。

	本小节示例文件位置如下。
原始文件	第9章\2016年终总结4.pptx
最终效果	第9章\2016年终总结4.pptx

方法1：打开本实例的原始文件，选中第4张幻灯片，选中插入的视频，切换到【视频工具】工具栏的【播放】选项卡，在【预览】组中，单击【播放】按钮 。

方法3：选中插入的视频文件，单击【视频】面板中的【播放】按钮 ▶ 即可。

方法2：选中第4张幻灯片，切换到【视频工具】工具栏的【格式】选项卡，在【预览】组中，单击【播放】按钮 。

9.4.2 设置播放选项

在PowerPoint 2016中添加视频之后，可以设置播放选项。

本小节示例文件位置如下。	
素材文件	第9章\2.png
原始文件	第9章\2016年终总结5.pptx
最终效果	第9章\2016年终总结5.pptx

1. 设置视频选项

插入视频后，可以设置视频的播放效果，具体操作步骤如下。

1 设置单击时播放。切换到【视频工具】工具栏的【播放】选项卡，在【视频选项】组中的【开始】下拉列表中选择【单击时】选项。

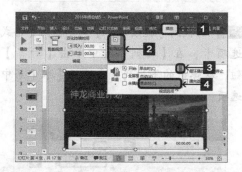

2 设置全屏播放。在【视频选项】组中，选中【全屏播放】复选框。

3 设置循环播放。在【视频选项】组中，选中【循环播放，直到停止】复选框。

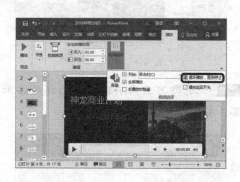

4 设置视屏播放时音量。在【视频选项】组中，单击【音量】按钮，从弹出的下拉列表中选择【高】选项。

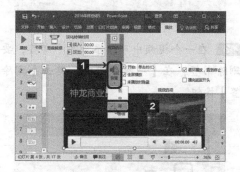

2. 在视频中添加书签

在视频中添加书签后，可以指定视频剪辑的关键时间点，也可以在播放视频时跳转到指定位置，还可以记录上一次视频播放的位置。

1 在视频中选中要插入书签的位置，切换到【视频工具】工具栏的【播放】选项卡，在【书签】组中，单击【添加书签】按钮。

2 此时即可为当前时间点的视频添加书签，书签显示为一个黄色的圆。

3 在一个视频中可以添加多个书签，要想删除书签，在【书签】组中，单击【删除书签】按钮。

4 即可将选中的书签删除，最终效果如图所示。

3. 调整视频布局

为了幻灯片的整体布局，可以调整视频界面的大小，以更好地排列幻灯片中的元素。

1 调整视频界面的大小。选中幻灯片插入的视频，切换到【视频工具】工具栏的【格式】选项卡，在【大小】组中的【高度】和【宽度】微调框中输入合适的数值即可。

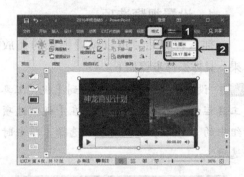

2 切换到【视频工具】工具栏的【格式】选项卡，在【排列】组中单击【对齐】按钮，从弹出的下拉列表中选择【水平居中】选项。

3 最终效果如图所示。

4. 添加视频界面

我们可以为插入幻灯片的视频添加一个独立的界面。

1 选中幻灯片中的视频，切换到【视频工具】工具栏的【格式】选项卡，单击【调整】组中的【海报帧】按钮，从弹出的下拉列表中选择【文件中的图像】选项。

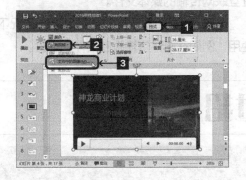

2 弹出【插入图片】对话框，单击【浏览】按钮。

3 弹出【插入图片】对话框，找到素材文件的保存位置，选中图片"2.png"，单击插入(S) 按钮。

4 即可为视频插入一个标牌框架。

5. 压缩媒体大小

通过压缩演示文稿中的媒体文件，可以减小演示文稿的大小以节省磁盘空间，并提高播放性能。压缩媒体文件大小的具体操作步骤如下。

1 打开包含媒体文件的演示文稿，单击文件 按钮。

2 在弹出的界面中选择【信息】选项，在右侧的界面中，单击【压缩媒体】按钮。

3 从弹出的下拉列表中选择一种合适的压缩选项即可。

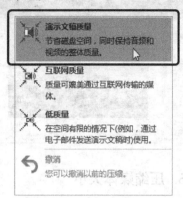

在【压缩媒体】中有3个压缩选项供用户选择。

【演示文稿质量】选项：可节省磁盘空间，同时保持媒体文件的整体质量。

【互联网质量】选项：质量可以媲美通过互联网传输的媒体文件。

【低质量】选项：在空间有限的情况下使用，例如在邮件传输限制文件大小时。

高手过招

优化演示文稿中的媒体文件

要避免演示文稿中的媒体文件出现播放问题，可以优化媒体文件的兼容性。具体操作步骤如下。

1 打开含有媒体文件的演示文稿，单击 文件 按钮。

2 在弹出的界面中选择【信息】选项，在右侧的界面中，单击【优化兼容性】按钮。

3 弹出【优化媒体兼容性】对话框，对演示文稿中的媒体文件优化完成以后，单击 关闭 按钮。

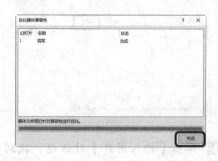

4 媒体文件优化兼容性完成以后，【信息】界面中将不再显示【优化兼容性】按钮。

第10章

添加动画

PowerPoint 2016提供了多种动画效果，通过添加不同的动画效果可以使观众在轻松的氛围中理解和记忆幻灯片的内容。本章将通过多个典型的实例介绍幻灯片动画的制作方法，帮助大家了解和学习PowerPoint 2016的动画制作功能。

关于本章知识，本书配套教学资料中有相关的多媒体教学视频，视频路径为【添加多媒体动画和超链接\添加动画】。

动画的种类

在PowerPoint 2016中，幻灯片动画分为幻灯片页面之间的切换动画和幻灯片对象之间的自定义动画两种。

10.1.1 页面切换动画分类

幻灯片的页面切换效果是指在放映幻灯片时，一张幻灯片放映完毕，下一张幻灯片在屏幕上的特殊显示方式。它是为了缓解PowerPoint页面之间转换时的单调感而设立的。

PowerPoint 2016，提供了幻灯片之间的多种切换效果。

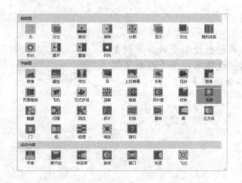

除了应用切换方案，用户还可以对切换的声音、时间和换片方式进行设置。

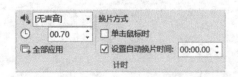

可以利用PowerPoint 2016提供的19种切换声音或者插入其他的声音作为切换时的声音，不过，切换的声音时间不宜过长。

另外还要注意【换片方式】组合框中的各个选项。这里的换片方式是指本页幻灯片切换到下一页幻灯片的方式。这里提供了两种换片的方式。

单击鼠标时：即手动单击鼠标进行幻灯片页面之间的切换。

设置自动换片时间：指画面在本页面的停留时间。如果将换片时间设置为10 s，则在本页面停留10 s后转换到下一张幻灯片；如果本页面自定义动画的时间短于10 s，则画面等待到10 s后再切换；如果自定义动画的时间长于10 s，则设置的换片时间限制无效，播放完自定义动画后将立刻转换到下一张幻灯片中。

张幻灯片中。

虽然幻灯片切换时的动画效果能够吸引观众的目光，但是还是要避免使用过多效果，让人眼花缭乱。

10.1.2 自定义动画

自定义动画包括为对象添加进入动画、强调动画、退出动画和动作路径动画。

○ 进入动画

进入动画是PowerPoint最基本的动画，它是指幻灯片中的对象陆续出现的动画效果。进入动画总体上有 4 种类型：基本型、细微型、温和型和华丽型。用户根据其类型名称就能读出它们各自的特点。

基本型：它是比较常用的一种类型，动画效果各不相同，不过此类型动画对象所占幻灯片的位置、大小变化不大。

基本型	
★ 百叶窗	★ 擦除
★ 出现	★ 飞入
★ 盒状	★ 阶梯状
★ 菱形	★ 轮子
★ 劈裂	★ 棋盘
★ 切入	★ 十字形扩展
★ 随机线条	★ 向内溶解
★ 楔入	★ 圆形扩展

细微型：动画效果变化不明显。

细微型	
★ 淡出	★ 缩放
★ 旋转	★ 展开

温和型：整体动画效果比较缓慢，温柔。

温和型	
★ 翻转式由远及近	★ 回旋
★ 基本缩放	★ 上浮
★ 伸展	★ 升起
★ 下浮	★ 压缩
★ 中心旋转	

华丽型：动画变化比较夸张，变形明显。其中有些动作不适合图形或图片。

华丽型	
★ 弹跳	★ 飞旋
★ 浮动	★ 挥鞭式
★ 基本旋转	★ 空翻
★ 螺旋飞入	★ 曲线向上
★ 玩具风车	★ 下拉
★ 字幕式	

○ 强调动画

强调动画是幻灯片放映过程中，吸引观众注意力的一类动画。它也有4种类型：基本型、细微型、温和型和华丽型。它经常使用的动画效果有：线条颜色、陀螺旋、放大/缩小和加深等。

然而这4种类型的动画效果不如进入动画的动画效果明显，并且动画种类也比较少，用户可以对其进行逐一尝试。

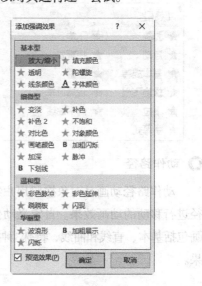

○ **退出动画**

　　退出动画是指对象消失时的动画效果。
不过退出动画一般是与进入动画相对应的，
即对象是按哪种效果进入的，就按照同样的
效果退出。

基本型

★ 百叶窗	★ 擦除
★ 飞出	★ 盒状
★ 阶梯状	★ 菱形
★ 轮子	★ 劈裂
★ 棋盘	★ 切出
★ 十字形扩展	★ 随机线条
★ 向外溶解	★ 消失
★ 楔入	★ 圆形扩展

细微型

| ★ 淡出 | ★ 收缩 |
| ★ 缩放 | ★ 旋转 |

温和型

★ 层叠	★ 回旋
★ 基本缩放	★ 上浮
★ 伸缩	★ 收缩并旋转
★ 下沉	★ 下浮
★ 中心旋转	

华丽型

★ 弹跳	★ 飞旋
★ 浮动	★ 挥鞭式
★ 基本旋转	★ 空翻
★ 螺旋飞出	★ 玩具风车
★ 下拉	★ 向下曲线
★ 字幕式	

○ **动作路径**

　　动作路径动画是对象按照用户绘制的路
径进行移动的动画效果。自定义动作路径动
画包括基本、直线和曲线、特殊3种类型的效
果。

基本

八边形	八角星
等边三角形	橄榄球形
泪滴形	菱形
六边形	六角星
平行四边形	四角星
梯形	五边形
五角星	心形
新月形	圆形扩展
正方形	直角三角形

直线和曲线

S 形曲线 1	S 形曲线 2
波浪形	弹簧
对角线向右上	对角线向右下
漏斗	螺旋向右
螺旋向左	衰减波
弯弯曲曲	向上
向上弧线	向上转
向下	向下弧线
向下阶梯	向下转
向右	向右弹跳
向右弧线	向右上转
向右弯曲	向右下转
向左	向左弹跳
向左弧线	向左弯曲
心跳	正弦波

特殊

垂直数字 8	豆荚
花生	尖角星
涟漪	飘扬形
三角结	十字形扩展
双八串接	水平数字 8
弯曲的 X	弯曲的星形
圆角正方形	正方形结
中子	

10.2 设置动画效果

在PowerPoint 2016中，提供了包括进入、强调、退出、路径等多种形式的动画效果，为幻灯片添加这些动画特效，可以使PPT实现和Flash动画一样的旋动效果。

10.2.1 设置自定义动画

自定义动画包括为对象添加进入动画、强调动画、退出动画和动作路径动画。

	本小节示例文件位置如下。
原始文件	第10章\2016年终总结.pptx
最终效果	第10章\2016年终总结.pptx

1. 动画效果

○ 效果

PowerPoint 2016中提供了进入、强调、退出和动作路径共4种效果。它们包含的种类在前面已经介绍过了。

进入效果和退出效果一般会配合使用，常用的进入效果包括擦除、淡出和飞入等，常用的退出效果一般选用擦除和淡出，废除效果则不常用。

强调效果用得比较少，如果要使用，可以考虑放大/缩小效果。

动作路径中的自定义路径比较常用。

○ 开始

开始选项有【单击时】【与上一动画同时】和【上一动画之后】3个选项。

单击时：表示单击鼠标时动画开始。

与上一动画同时：表示设置的动画与上一个动画同时开始。

上一动画之后：表示上一个动画结束时开始。

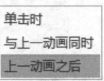

○ 方向

设置动画之后可以根据需要设置动画的方向。

○ 计时

在【计时】效果中可以设置动画速度、延迟时间等。

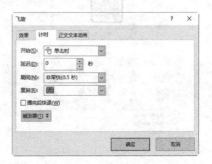

● 效果

在【效果】对话框中，用户可以设置多个参数效果。例如设置了对象的飞入动画，其【效果】选项如下图所示。

2. 设置进入动画

1 打开本实例的原始文件，在第1张幻灯片中选中第1个圆角矩形，切换到【动画】选项卡，在【高级动画】组中单击【添加动画】按钮。

2 从弹出的下拉列表中选择【进入】▷【飞入】选项。

3 切换到【动画】选项卡，单击【动画】组中的【效果选项】按钮。

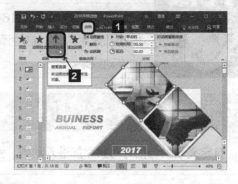

4 在弹出的下拉列表选择【自顶部】选项。

5 切换到【动画】选项卡，在【计时】组中的【开始】下拉列表中选择【与上一动画同时】选项。

6 按照同样的方法设置第2个圆角矩形的进入动画。选中圆角矩形切换到【动画】选项卡，在【高级动画】组中，单击【添加动画】按钮。

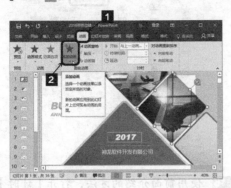

7 在弹出的下拉列表选择【进入】▶【飞入】选项。

8 切换到【动画】选项卡，在【高级动画】组中，单击动画窗格按钮。

9 弹出【动画窗格】任务窗格，单击添加的动画右侧的【下三角】按钮，从弹出的下拉列表中选择【计时】选项。

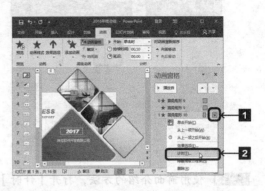

10 弹出【飞入】对话框，切换到【效果】选项卡，在【方向】下拉列表中选择【自右侧】选项。【平滑结束】输入【0.1】。

11 切换到【计时】选项卡，在【开始】下拉列表中选择【与上一动画同时】选项，【延迟】输入【0.25】，【期间】输入【0.75】。设置完毕单击【确定】按钮。

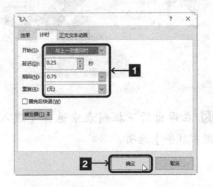

12 选中第3个圆角矩形，使用相同的方法
设置矩形的动画效果为【飞入】效果。

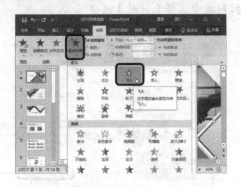

13 使用前面介绍的方法，打开【计时】对
话框，设置相应时间。

14 选中最下面的圆角矩形，切换到【动
画】选项卡，在【高级动画】组中，单击
【添加动画】按钮。

15 在弹出的下拉列表中选择【进入】▷
【随机线条】选项。

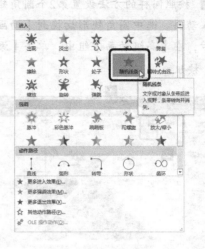

16 使用前面介绍的方法，打开【计时】对
话框，设置相应时间。

17 选中文本框，切换到【动画】选项卡，
在【高级动画】组中，单击【添加动画】按
钮。

18 在弹出的下拉列表选择【更多进入效果】选项，弹出【添加进入效果】对话框，在【华丽型】中选择【飞旋】选项。然后单击 确定 按钮。并设置相应计时效果。

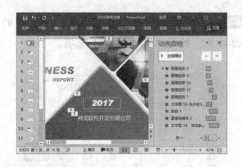

20 动画效果设置完毕后单击关闭 × 按钮，关闭任务窗格即可单击预览按钮进行预览。

19 使用相同的方法设置其他文本的动画效果。设置"2017"的动画效果为【基本缩放】，设置"神龙软件开发有限公司"的动画效果为【浮入】，效果如图所示。

21 使用相同的方法为其他幻灯片添加相应的动画效果即可。

10.2.2 设置页面切换效果

幻灯片的页面切换动画是指在放映幻灯片时，一张幻灯片放映完毕，下一张幻灯片在屏幕上的特殊显示方式。它是为了缓解PowerPoint页面之间转换时的单调感而设立的。

本小节示例文件位置如下。	
原始文件	第10章\2016年终总结1.pptx
最终效果	第10章\2016年终总结1.pptx

1. 设置切换样式

PowerPoint 2016中提供了多种切换样式，对幻灯片应用切换样式的具体操作步骤如下。

1 打开本实例的原始文件的第1张幻灯片，切换到【切换】选项卡，在【切换到此幻灯片】组中，单击【切换效果】按钮 。

2 在弹出的下拉列表中选择一种合适的动画效果，此处选择【涟漪】选项。

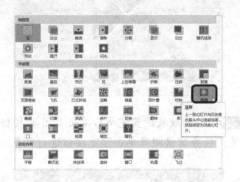

3 设置效果选项。切换到【切换】选项卡，在【切换到此幻灯片】组中，单击【效果选项】按钮，从弹出的下拉列表中选择【居中】选项。

4 选中第2张幻灯片，切换到【切换】选项卡，在【切换到此幻灯片】组中，单击【切换效果】按钮。

5 在弹出的下拉列表中选择一种合适的动画效果，此处选择【飞机】选项。

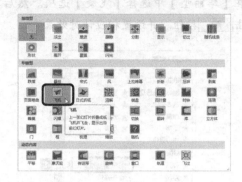

6 设置效果选项。切换到【切换】选项卡，在【切换到此幻灯片】组中，单击【效果选项】按钮，从弹出的下拉列表中选择【向右】选项。

7 用户可以按照相同的方法设置其他幻灯片的切换方案。

2. 设置切换声音

PowerPoint 2016中自带了多种声音,用户可以从中选择一种合适的声音作为切换声音,用户也可以从自己的资源库选择一个声音文件作为切换声音。

1 打开第2张幻灯片,切换到【切换】选项卡,在【计时】组中的【声音】下拉列表中选择一种合适的声音,此处选择【风铃】选项。

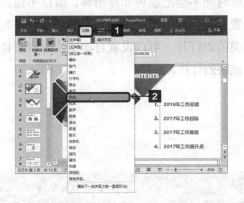

2 从文件中选择切换声音。打开第3张幻灯片,切换到【切换】选项卡,在【计时】组中的【声音】下拉列表中选择【其他声音】选项。

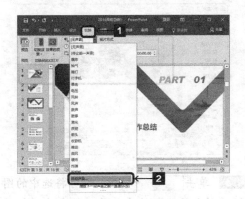

3 弹出【添加音频】对话框,从中选择素材文件"钢琴.wav"。

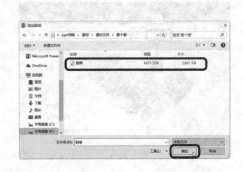

4 单击 确定 按钮,返回幻灯片,按照相同的方法为其他幻灯片添加切换声音。

提示

从外部添加的幻灯片切换声音的音频格式必须是"*.wav"格式。

3. 设置换片持续时间

换片持续时间是指一张幻灯片演示完毕,另一张幻灯片开始出现,到完全显示的时间长度。持续时间越长,后一张幻灯片出现的速度越慢。

打开第2张幻灯片,切换到【切换】选项卡,在【计时】组中的【持续时间】微调框中输入时间长度,例如输入【01.00】。

 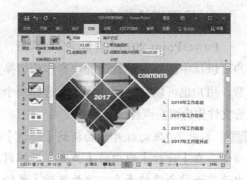

4. 设置换片方式

换片方式是指本页幻灯片切换到下一页幻灯片的方式。

单击鼠标时：即手动单击鼠标进行幻灯片页面之间的切换。

设置自动换片时间：是指画面在本页面的停留时间。如果将换片时间设置为20s，则在本页停留20s后转换到下一张幻灯片。

在每张幻灯片演示过程中，讲解者的讲解时间不会把握得非常精确，所以不建议设置自动换片时间。但是对于那些仅仅是展示类的幻灯片，可以设置自动换片时间来自动放映幻灯片。

10.2.3 动画使用技巧

掌握动画使用技巧是非常重要的。

本小节示例文件位置如下。	
素材文件	第10章\1.png~4.png
原始文件	第10章\设置动画.pptx
最终效果	第10章\设置动画.pptx

1. 自定义路径动画

1 打开本实例的原始文件的第1张幻灯片，切换到【插入】选项卡，在【图像】组中单击【图片】按钮 。

2 弹出【插入图片】对话框，从中选择合适的素材文件"1.png~4.png"。

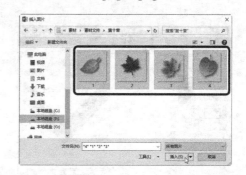

3 单击 插入(S) ▼ 按钮，即可将选中的图片插入到当前幻灯片中，然后适当地调整图片的大小和位置。

4 选中其中一张图片，切换到【动画】选项卡，在【高级动画】组中，单击【添加动画】按钮 。

5 从弹出的下拉列表中选择【动作路径】▶【自定义路径】选项。

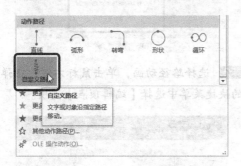

6 此时鼠标指针变为 + 形状，在图片上按住鼠标左键不放并拖动鼠标，即可绘制图片的移动轨迹。

7 绘制完毕，按【Esc】键即可退出绘制状态。按照前面介绍的方法，打开【动画窗格】任务窗格，在【动画窗格】任务窗格中，单击动画右侧的下三角按钮，在弹出的下拉列表中选择【计时】选项。

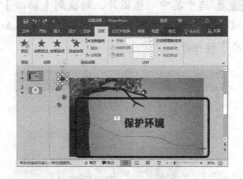

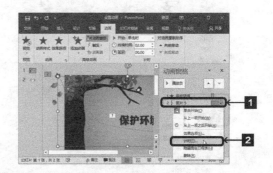

8 弹出【自定义路径】对话框，在【开始】下拉列表中选择【与上一动画同时】选项，在【延迟】微调框中输入【2】，在【期间】文本框中选择【6秒】，在【重复】下拉列表中选择【直到幻灯片末尾】选项。

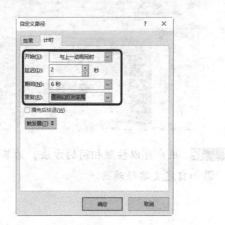

9 选中其中一张图片，切换到【动画】选项卡，在【高级动画】组中，单击【添加动画】按钮██。

10 从弹出的下拉列表中选择【动作路径】➤【自定义路径】选项。

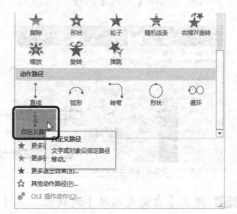

11 单击 ██确定██ 按钮，返回【动画窗格】任务窗格，系统会自动播放动画效果。

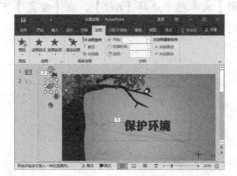

12 用户可以按照相同的方法，为其他图片添加自定义路径动画。

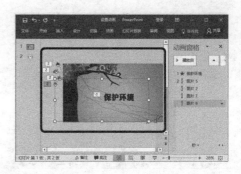

13 用户还可以将4张图片复制多份，并设置其自定义动画。

2. 编辑路径顶点

设置路径动画之后，还可以在此路径基础上，编辑路径顶点改变路径。

1 切换到第2张幻灯片，切换到【动画】选项卡，即可看到幻灯片中动画效果显示出来。

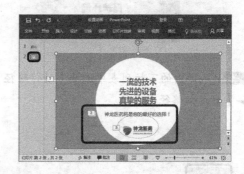

2 选择路径动画，单击鼠标右键，在弹出的快捷菜单中选择【编辑顶点】选项。

3 即可显示出路径顶点。

4 将鼠标指针移动到其中一个顶点上，当鼠标指针变为 形状，拖动鼠标，即可改变动作路径。

5 用户可以按照同样的方法，改变其他顶点的位置。

高手过招

设置打字机效果

打字机效果就是汉字会以像一个一个输入时跳出的样子的方式呈现。

1 打开素材文件，选中第8张幻灯片中的文本，切换到【动画】选项卡，单击【高级动画】组中的【添加动画】按钮。

2 在弹出的下拉列表中选择【进入】▶【飞入】选项。

3 单击【高级动画】组中的【动画窗格】按钮。

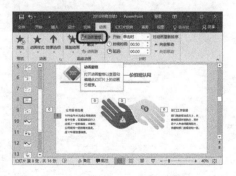

4 弹出【动画窗格】任务窗格，单击添加的动画右侧的下三角按钮 ，从弹出的下拉列表中选择【效果选项】选项。

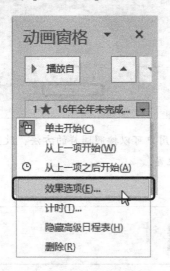

5 弹出【飞入】对话框，在【方向】下拉列表中选择【自右侧】选项，在【动画文本】下拉列表中选择"按字母"选项，在下面的微调框中输入"15"。

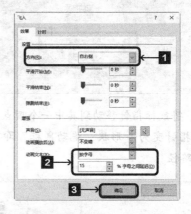

6 单击 确定 按钮，返回幻灯片中即可完成打字机动画效果的设置。

第11章

交互式演示文稿的创建

创建交互式演示文稿可以实现演示文稿中幻灯片的轻松跳转，或者方便地打开某个程序，使用户的操作更加快捷、简单。本章介绍如何添加超链接、更改超链接和删除超链接，以及介绍如何使用动作按钮创建交互式演示文稿。

视频链接

关于本章知识，本书配套教学资源中有相关的多媒体教学视频，视频路径为【添加多媒体动画和超链接\添加超链接】。

11.1 创建超链接

在演示文稿中创建超链接以后，在放映演示文稿时，可以快速切换到指定的幻灯片中。

11.1.1 利用【插入】选项卡创建超链接

创建超链接的方法有很多，本小节介绍第1种方法。

	本小节示例文件位置如下。
原始文件	第11章\商业计划.pptx
最终效果	第11章\商业计划.pptx

超链接是一种允许用户与其他的网页或站点之间进行连接的元素。超链接可以将文字或图形链接到网页、图形、文件、邮箱或其他的网站上。

在PowerPoint 2016中，超链接是指从一张幻灯片到另一张幻灯片、网页、文件或者自定义放映的链接。

 1 打开本实例的原始文件，切换到第2张幻灯片，选中"项目介绍"文本，然后切换到【插入】选项卡下，在【链接】组中单击【超链接】按钮。

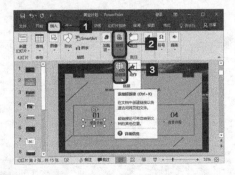

2 随即打开【插入超链接】对话框。

3 在【链接到】组合框中选择【本文档中的位置】选项，然后在【请选择文档中的位置】列表框中选择想要超链接的位置，在此选择【幻灯片标题】➤【幻灯片3】选项，表示创建的超链接链接到第3张幻灯片中。

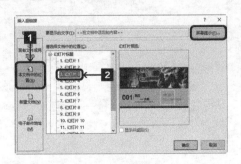

提示

【链接到】组合框中其他选项的含义如下。

（1）现有文件或网页：如果用户想要超链接到文件或者网页中，则可选择该选项，在右侧的【查找范围】下拉列表中选择文件所在的文件夹，并在列表框中选中需要超链接到的文件，或者在【地址】下拉列表中选择网页网址。

（2）本文档中的位置：如果用户想要超链接到本演示文稿的某张幻灯片中，则可选择该选项，本节我们就是以链接到本文档中的位置为例介绍的。

（3）新建文档：如果用户想要超链接到新建文档，则可选择该选项，在右侧的【新建文档名称】文本框中输入新建文档的名称，然后单击【更改】按钮设置新建文档的文件夹名称，在【何时编辑】组合框中选中【是否立即编辑新文档】单选钮。

（4）电子邮件地址：如果用户想要超链接到电子邮件地址中，则可选择该选项，在右侧的【电子邮件地址】文本框中输入需要超链接的邮件地址，然后在【主题】文本框中输入邮件的主题。

4 单击 屏幕提示(P)... 按钮，打开【设置超链接屏幕提示】对话框。在【屏幕提示文字】文本框中输入【项目详情】，然后单击 确定 按钮。

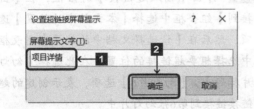

5 返回【插入超链接】对话框，再次单击 确定 按钮。

6 返回幻灯片中，可以看到文本的下方出现了下划线。切换到【幻灯片放映】选项卡，在【开始放映幻灯片】组中，单击 从当前幻灯片开始 按钮。

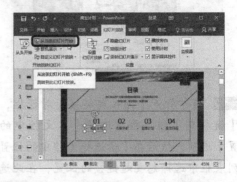

7 演示文稿第2张幻灯片进入放映状态，将鼠标指针移动到文本"项目介绍"上，此时鼠标指针变为 形状。

8 此时单击鼠标左键即可切换到第3张幻灯片。

9 如果演示者在演示幻灯片的过程中，讲解完第3张幻灯片后，想要返回目录页，只要为第3张幻灯片添加链接，链接到第2张目录幻灯片即可。选中"项目介绍"，然后切换到【插入】选项卡下，在【链接】组中单击【超链接】按钮。

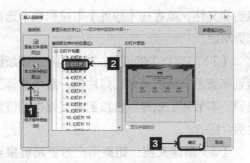

10 随即打开【插入超链接】对话框，在【链接到】组合框中选择【本文档中的位置】选项，然后在【请选择文档中的位置】列表框中选择想要超链接的位置，在此选择【幻灯片标题】▷【幻灯片2】选项，表示创建超链接到第2张幻灯片中。

11 单击 确定 按钮，返回到幻灯片中。创建超链接以后，在放映演示文稿时，即可有目标性地在各个幻灯片之间进行切换。

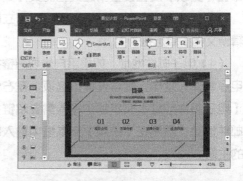

11.1.2 利用快捷菜单创建超链接

本小节介绍使用快捷菜单的方法给文本框创建超链接。

本小节示例文件位置如下。	
原始文件	第11章\商业计划1.pptx
最终效果	第11章\商业计划1.pptx

1 打开本实例的原始文件，切换到第2张幻灯片，选中"市场分析"文本框，然后单击鼠标右键，从弹出的下拉列表中选择【超链接】选项。

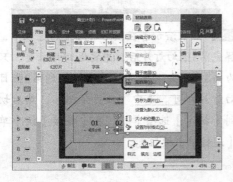

2 弹出【插入超链接】对话框，在【链接到】组合框中选择【本文档中的位置】选项，然后在【请选择文档中的位置】列表框中选择想要超链接的位置，在此选择【幻灯片标题】▷【幻灯片6】选项，表示创建的超链接链接到第6张幻灯片中。

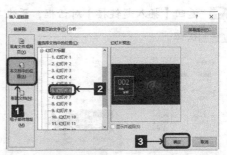

3 单击 确定 按钮返回到幻灯片中。因为是为文本框添加的超链接，所以文本的下方并没有出现下划线。

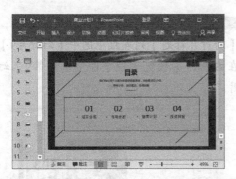

4 切换到【幻灯片放映】选项卡，在【开始放映幻灯片】组中，单击 从当前幻灯片开始 按钮。

5 此时演示文稿从第2张开始进入放映状态，将鼠标指针移动到文本"市场分析"上，此时鼠标指针变为 形状。

6 此时单击鼠标左键即可切换到第4张幻灯片。

11.1.3 利用动作设置创建超链接

利用"动作设置"创建超链接，就是为文本或者其他的对象设置交互动作。

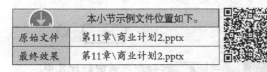

| 原始文件 | 第11章\商业计划2.pptx |
| 最终效果 | 第11章\商业计划2.pptx |

动作设置是指为对象设置单击鼠标或者悬停鼠标时要执行的操作。例如，鼠标悬停在某一对象上时可以跳转到指定幻灯片。

1 打开本实例的原始文件，切换到第2张幻灯片，选中文本"销售计划"，切换到【插入】选项卡，在【链接】组中单击【动作】按钮。

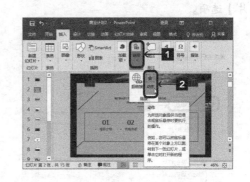

2 随即弹出【操作设置】对话框。

提示

在【操作设置】对话框中有【单击鼠标】和【鼠标悬停】两个选项卡。在这两个选项卡中所设置的内容是一样的，只是出发动作存在区别，一个是单击鼠标，一个是鼠标悬停。用户想要设置成哪个动作，切换到相应的选项卡进行设置即可。

3 此处切换到【单击鼠标】选项卡，在【单击鼠标时的动作】组合框中选中【超链接到】单选钮，在其下拉列表中选择【幻灯片】选项。

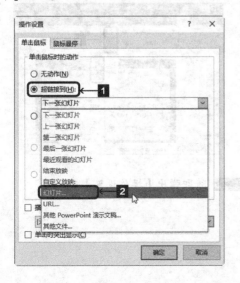

4 弹出【超链接到幻灯片】对话框，在【幻灯片标题】列表框中选中【幻灯片9】，在右侧的【预览】框中即可看到第9张幻灯片。

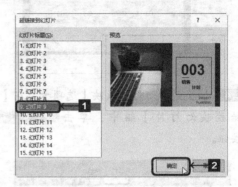

5 单击 确定 按钮返回【操作设置】对话框。

6 单击 确定 按钮即可返回幻灯片中。

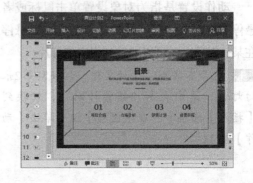

7 按【Shift】+【F5】组合键进入演示文稿放映状态，将鼠标指针移动到文本"销售计划"上，此时鼠标指针变为 形状。

8 此时单击鼠标左键即可切换到第9张幻灯片。

11.1.4 利用动作按钮创建超链接

PowerPoint 2016中提供了一组动作按钮，用户可以在幻灯片中添加动作按钮，从而轻松地实现幻灯片的跳转，或者激活其他的程序、文档和网页等。添加动作按钮实际上也是创建超链接的一种方法。

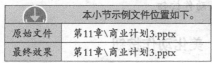

本小节示例文件位置如下。	
原始文件	第11章\商业计划3.pptx
最终效果	第11章\商业计划3.pptx

1. 添加动作按钮

1 打开本实例的原始文件，选中第15张幻灯片，切换到【插入】选项卡，在【插图】组中，单击【形状】按钮。

2 单击弹出的下拉列表中的【动作按钮：后退或前一项】按钮。

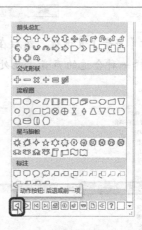

3 将鼠标指针移动到幻灯片中，此时鼠标指针变为＋形状，将指针移动到想添加动作按钮的位置，按住鼠标左键进行拖动，拖动到合适的大小。

4 释放鼠标左键即可完成动作按钮的绘制，并且自动弹出【操作设置】对话框，切换到【单击鼠标】选项卡，在【单击鼠标时的动作】组合框中选中【超链接到】单选钮，在其下拉列表中选择【上一张幻灯片】选项。

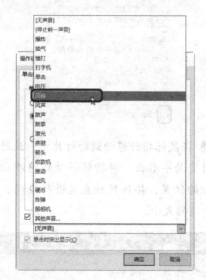

5 选中【声音】复选框，然后在声音下拉列表中选择一种合适的声音，此处选择【风铃】选项。

6 单击 确定 按钮，返回幻灯片中。按【Shift】+【F5】组合键进入演示文稿放映状态。

7 将鼠标指针移动到【动作按钮：后退或前一项】按钮◁，即可切换到上一页幻灯片。

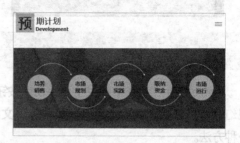

8 用户可以按照同样的方法，在其他幻灯片中插入动作按钮。

2. 美化动作按钮

1 设置形状填充。选中按钮，切换到【绘图工具】工具栏的【格式】选项卡，在【形状样式】组中，单击【形状填充】按钮右侧的下三角按钮，从弹出的下拉列表中选择一种合适的颜色。

2 设置形状轮廓。在【形状样式】组中，单击【形状轮廓】按钮右侧的下三角按钮，从弹出的下拉列表中选择【无轮廓】选项。

3 设置形状效果。在【形状样式】组中，单击【形状效果】按钮，从弹出的下拉列表中选择【预设】▶【预设2】选项。

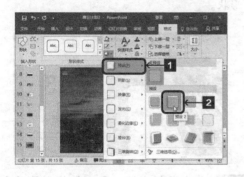

4 选中动作按钮和"谢谢观赏"文本框，在【绘图工具】工具栏的【格式】选项卡，单击【排列】组中的【对齐】按钮，从弹出的下拉列表中选择【水平居中】选项。

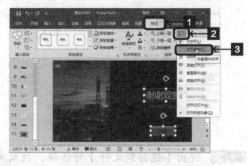

5 返回幻灯片中，最终效果如图所示。

11.1.5 链接到其他演示文稿

不仅可以在同一个演示文稿中创建超链接，还可以将其他演示文稿链接到当前演示文稿中。

本小节示例文件位置如下。	
素材文件	第11章\营销推广方案.pptx
原始文件	第11章\商业计划4.pptx
最终效果	第11章\商业计划4.pptx

本小节为下半年工作计划创建超链接，展示下半年产品营销的具体方案。具体操作步骤如下。

1 打开本实例的原始文件，切换到第9张幻灯片，选中文本"销售计划"，切换到【插入】选项卡，在【链接】组中，单击【超链接】按钮。

2 弹出【插入超链接】对话框，在【链接到】列表框中选择【现有文件或网页】选项，然后单击【浏览文件】按钮 。

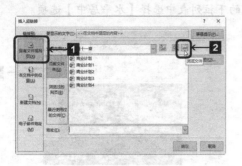

3 弹出【链接到文件】对话框，找到文件的保存位置，然后单击 确定 按钮。

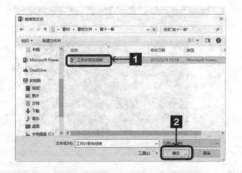

4 返回【插入超链接】对话框，即可在【地址】文本框中看到文件的链接地址，然后单击 确定 按钮。

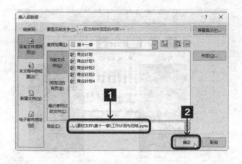

5 返回幻灯片中，按【Shift】+【F5】组合键进入演示文稿放映状态，将鼠标指针移动到文本"销售计划"上，鼠标指针变为手形状。

6 单击鼠标左键，即可切换到演示文稿"工作计划与总结"中。

11.2 更改或删除超链接

用户在创建好超链接或者添加好动作按钮后，有时会根据需要重新设置超链接的对象或者删除已经创建好的超链接。

本节示例文件位置如下。	
原始文件	第11章\商业计划5.pptx
最终效果	第11章\商业计划5.pptx

1. 更改超链接

更改超链接的具体操作步骤如下。

1 打开本实例的原始文件，切换到第9张幻灯片，选中文本"销售计划"，单击鼠标右键，从弹出的快捷菜单中选择【编辑超链接】选项。

2 弹出【编辑超链接】对话框，在此对话框中，按照创建超链接的方法，更改超链接即可。

2. 删除超链接

删除超链接的具体操作步骤如下。

1 切换到演示文稿的第2张幻灯片，选中文本"销售计划"，单击鼠标右键，从弹出的快捷菜单中选择【取消超链接】选项。

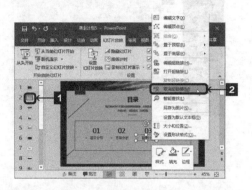

2 即可取消"销售计划"文本的超链接。

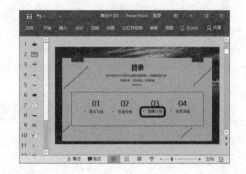

| 高手过招 |

查看演示文稿属性

更改超链接

1 打开本实例的原始文件"工作计划与总结"，单击 文件 按钮。

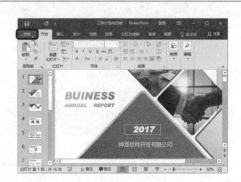

2 在弹出的界面中，默认切换到【信息】界面，在此界面中单击 属性· 按钮，从弹出的下拉列表中选择【高级属性】选项。

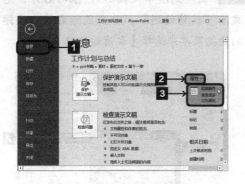

3 弹出【工作计划与总结 属性】对话框，在此对话框中可以查看演示文稿的各种信息。例如，切换到【统计】选项卡，在【统计信息】文本框中，即可看到幻灯片页数、段落数、字数的统计信息。

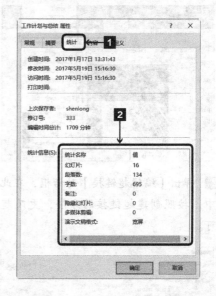

第12章

主题和母版的应用

主题和母版自带的幻灯片效果以及版式的划分，可以为幻灯片的制作提供一定的基础，避免从零开始。

关于本章知识，本书配套教学资源中有相关的多媒体教学视频，视频路径为【主题和母版的应用】。

12.1 PPT主题

PPT主题主要由颜色、字体、效果和背景样式四大部分组成。使用PPT主题既可以使新用户快速地学会如何制作PPT，也可以使老用户避免每次从零开始排版。

12.1.1 快速应用主题

主题既可以应用于单张幻灯片，也可以应用于演示文稿中的所有幻灯片。通过设置主题可以快速地批量更改幻灯片中的颜色、字体、效果以及幻灯片背景，形成统一的幻灯片风格。

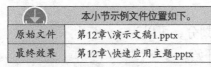

	本小节示例文件位置如下。
原始文件	第12章\演示文稿1.pptx
最终效果	第12章\快速应用主题.pptx

1. 应用于选定幻灯片

1 打开本实例的原始文件，选中第1张幻灯片，切换到【设计】选项卡，在【主题】组中单击【其他】按钮。

2 在弹出的主题列表框中选择一种合适的主题，例如选择【丝状】选项，然后单击鼠标右键，在弹出的快捷菜单中选择【应用于选定幻灯片】选项。

3 随即选定幻灯片应用选定的主题【丝状】。

4 其他未选定幻灯片仍然保持原有主题。

2. 应用于所有幻灯片

1 打开本实例的原始文件，选中第2张幻灯片，切换到【设计】选项卡，在【主题】组中单击【其他】按钮。

> **2** 选定幻灯片应用选定的主题【丝状】并在弹出的快捷菜单中选择【应用于所有幻灯片】。

> **3** 返回演示文稿，即可看到所有幻灯片都应用主题【丝状】。

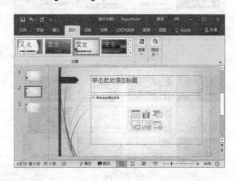

> **4** 在合适的位置保存素材并命名为"快速应用主题"。

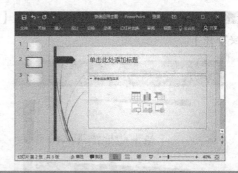

12.1.2 新建主题

在PowerPoint 2016中，用户除了可以在内置的主题中选择外，还可以根据需要创建新的主题。

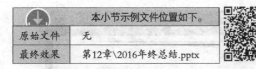

本小节示例文件位置如下。	
原始文件	无
最终效果	第12章\2016年终总结.pptx

用户在创建新的主题时，既可以通过对内置的主题颜色、字体、效果和背景样式进行自由组合搭配来完成，也可以通过创建新的主题颜色、字体、效果和背景样式来自定义新主题。

1. 通过组合创建新主题

> **1** 新建一个演示文稿，并将其重命名为"2016年终总结.pptx"，切换到【设计】选项卡，单击【主题】组的【其他】按钮▾。

> **2** 从弹出的下拉列表中选择一种合适的主题，例如选择【主要事件】。

3 随即选定的幻灯片应用选定的主题【主要事件】。

4 在幻灯片的标题文本框中输入标题【2016年终总结】，在副标题文本框中输入副标题【神龙软件有限公司】。

5 选择主题颜色。单击【变体】组中的【其他】按钮。

6 从弹出的下拉列表中选择【颜色】▷【蓝色】选项。

7 幻灯片应用【蓝色】主题颜色后的效果如图所示。

8 选择主题字体。切换到【设计】选项卡，在【变体】组中单击【其他】按钮，在弹出的下拉列表中选择一种合适的字体。

9 随即当前主题的字体即改变为新设置的字体。

10 设置主题效果。切换到【设计】选项卡，在【变体】组中单击【其他】按钮，在弹出的下拉列表中选择一种合适的主题效果，例如选择【插页】选项。

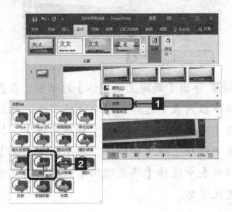

11 随即主题效果改变为【插页】效果。

12 设置主题背景样式。切换到【设计】选项卡，在【变体】组中单击【其他】按钮，在弹出的下拉列表中选择一种合适的主题背景样式，此处选择【样式10】选项。

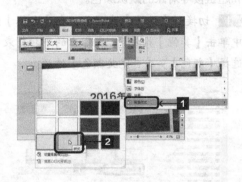

13 幻灯片主题背景样式应用样式10后的效果如图所示。

2. 自定义新主题

新建主题颜色

颜色的运用是一门学问,而大多数用户缺乏这方面的专业训练。因此PowerPoint 2016系统内置了数十种配色方案,以主题颜色的方式提供给用户做参考。但是由于内置的配色方案不能进行更改,因此当内置的主题颜色不能满足用户的需求时,用户可以自定义主题颜色。

每一个主题颜色方案实际上都是由12种颜色组成的。这12种颜色所构成的配色方案决定了幻灯片中的文字、背景、图形、图表和超链接等对象的默认颜色。

1 切换到【设计】选项卡,在【变体】组中单击【其他】按钮▾,在弹出的下拉列表中选择【颜色】▶【自定义颜色】选项。

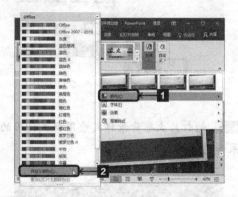

2 弹出【新建主题颜色】对话框,在【主题颜色】的12种配色中选择一种合适的颜色。

3 设置完成后,单击【保存】按钮,返回演示文稿,即可看到演示文稿中的幻灯片自动应用新建的主题颜色。

新建主题字体

创建主题字体就是设定PPT默认的标题和正文字体。

1 切换到【设计】选项卡,在【变体】组中单击【其他】按钮▾,在弹出的下拉列表中选择【字体】▶【自定义字体】选项。

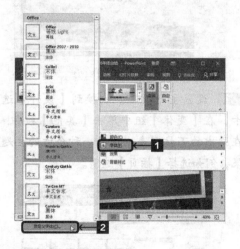

2 弹出【新建主题字体】对话框,在各字体下拉列表中选择一种合适的字体。此处,在【中文】组合框中的【标题字体】下拉列表中选择【华文琥珀】,在【正文字体】下拉列表中选择【华文琥珀】选项,其他保持默认不变。

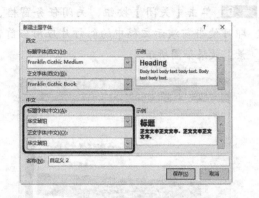

3 设置完成后，单击【保存】按钮，返回演示文稿，即可看到演示文稿中的幻灯片自动应用新建的主题字体。

○ **新建背景样式**

用户除了可以在给定的背景样式中选择，也可以自己设定背景。常见的有颜色填充、图案填充和图片填充等多种方式。

1 切换到【设计】选项卡，在【变体】组中单击【其他】按钮，然后在弹出的下拉列表中选择【背景样式】➤【设置背景格式】选项。

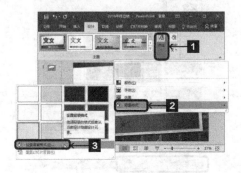

2 弹出【设置背景格式】任务窗格，在【填充】组中选中【渐变填充】单选按钮，选中第二个渐变光圈，然后单击【颜色】按钮，在弹出的调色板中选择一种合适的颜色，如果调色板中没有合适的颜色，可以选择【其他颜色】选项。

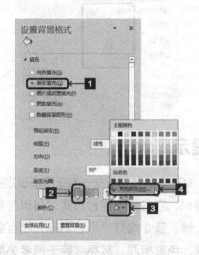

3 弹出【颜色】对话框，系统自动切换到【标准】选项卡，在【颜色】调色板上选择一种合适的颜色即可。

4 如果对颜色调色板中的颜色不满意，可使用RGB数值来设置精准的颜色。切换到【自定义】选项卡，在【颜色模式】下拉列表中选择【RGB】选项，在【红色】【绿色】【蓝色】微调框中输入合适的数值。

提示

　　RGB是根据颜色发光的原理来设定的，通俗点说，它的颜色混合方式，可以想象成有红、绿、蓝3盏灯，当它们的光相互叠合的时候，色彩相混，其亮度等于两者亮度之总和，越混合亮度越高，即加法混合。

　　红、绿、蓝3个颜色通道每种色各分为255阶亮度，在0时最弱，在255时最亮。当三色数值相同时为无色彩的灰度色，而三色都为255时为最亮的白色，都为0时为黑色。

　　5 单击 确定 按钮，返回【设置背景格式】任务窗格，单击 全部应用(L) 按钮。

　　6 单击【关闭】按钮，关闭任务窗格，即可使当前演示文稿中的幻灯片应用当前背景，效果如图所示。

3. 保存新主题

　　在日常工作中，对于经常使用且相对固定的主题方案，我们可以把这样的主题保存到计算机中以便日后随时调用。

　　1 打开本实例的原始文件，切换到【设计】选项卡，在【主题】组中单击【其他】按钮 。

　　2 在弹出的下拉列表中选择【保存当前主题】选项。

3 弹出【保存当前主题】对话框，在【文件名】文本框中输入主题名称【2016年终总结】。

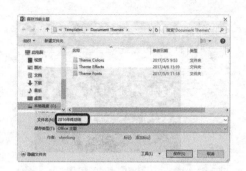

4 单击【保存】按钮，即可将当前主题保存。再次切换到【设计】选项卡，在【主题】组中单击【其他】按钮，即可在弹出的下拉列表中的自定义主题中看到"2016年终总结"主题。

12.2 PPT的页面版式

PPT的页面版式的调整主要包括页面大小和页面方向的调整。在调整PPT的页面大小和方向时一般有两个参照比例：一是参照播放屏幕，二是根据打印输出的纸张。

12.2.1 设置标准屏页面版式

PowerPoint 2016默认幻灯片长宽比为16:9的宽屏比例，如果在标准屏（4:3）的电脑上播放，会在屏幕上下留下两条黑边，遇到这种情况，用户可以将幻灯片的页面重新进行调整。

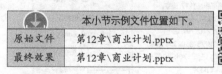

本小节示例文件位置如下。
原始文件	第12章\商业计划.pptx
最终效果	第12章\商业计划.pptx

1 打开本实例的原始文件，切换到【设计】选项卡，在【自定义】组中，单击【幻灯片大小】按钮，在弹出的下拉列表中选择【标准（4:3）】选项。

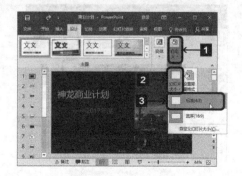

2 弹出【Microsoft PowerPoint】提示框，提示用户正在缩放幻灯片，并询问用户是要最大化内容大小还是按比例缩小以确保适应新幻灯片，单击 确保适合(E) 按钮。

3 即可将当前幻灯片的大小调整为标准（4:3），并自动缩放幻灯片中的内容。

12.2.2 设置幕布投影页面版式

幻灯片除了可以在电脑屏幕上显示外，还可以在幕布投影上显示。如果幕布的尺寸大小不一，就需要自定义幻灯片大小来适应幕布的大小。

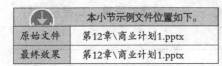

	本小节示例文件位置如下。
原始文件	第12章\商业计划1.pptx
最终效果	第12章\商业计划1.pptx

1 打开本实例的原始文件，切换到【设计】选项卡，在【自定义】组中，单击【幻灯片大小】按钮，在弹出的下拉列表中选择【自定义幻灯片大小】选项。

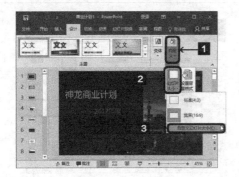

2 弹出【幻灯片大小】对话框，在【幻灯片大小】下拉列表中选择合适的大小，如果系统提供的幻灯片大小中没有适合当前屏幕的尺寸，用户可以选择【自定义】选项。

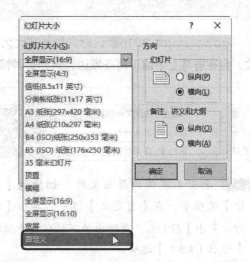

3 在【宽度】和【高度】微调框中输入合适的尺寸。

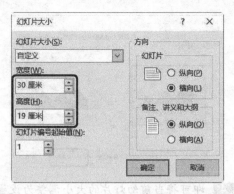

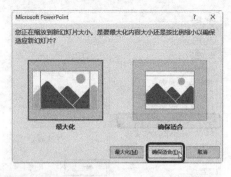

4 设置完毕，单击 确定 按钮，弹出【Microsoft PowerPoint】提示框，提示用户正在缩放幻灯片，并询问用户是要最大化内容大小还是按比例缩小以确保适应新幻灯片，单击 确保适合(E) 按钮。

5 即可将当前幻灯片的大小调整为设置的大小，并自动缩放幻灯片中的内容。

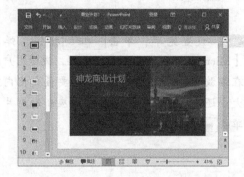

12.2.3 设置适合打印输出的版式

有些时候，使用PowerPoint制作幻灯片的目的不是为了屏幕投影，而是需要打印输出纸质文档，此时用户可以像使用Word一样把幻灯片的页面调整为纸张大小，例如设置成A4纸。

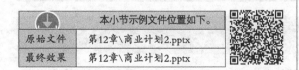

本小节示例文件位置如下。	
原始文件	第12章\商业计划2.pptx
最终效果	第12章\商业计划2.pptx

1 打开本实例的原始文件，切换到【设计】选项卡，在【自定义】组中，单击【幻灯片大小】按钮，在弹出的下拉列表中选择【自定义幻灯片大小】选项。

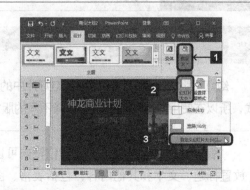

2 弹出【幻灯片大小】对话框，在【幻灯片大小】下拉列表中选择【A4纸张（210×297毫米）】选项。

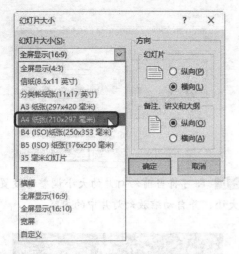

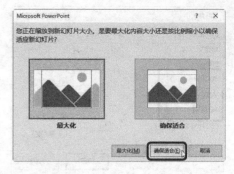

> **4** 即可将当前幻灯片的大小调整为设置的
> 大小，并自动缩放幻灯片中的内容。

> **3** 设置完毕，单击 确定 按钮，弹出
> 【Microsoft PowerPoint】提示框，提示用户正
> 在缩放幻灯片，并询问用户是要最大化内容
> 大小还是按比例缩小以确保适应新幻灯片，
> 单击 确保适合(F) 按钮。

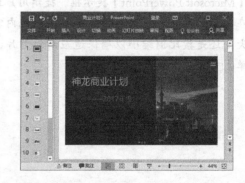

12.3 母版的应用

母版中包含出现在每一张幻灯片上的显示元素，如文本占位符、图片、
动作按钮，或者是在相应版式中出现的元素。使用母版有助于统一幻灯片的
风格。

12.3.1 认识版式

幻灯片版式就是幻灯片内容在幻灯片中的排列方式。PowerPoint 2016为用户提供了许多种版
式，所以在使用时可以根据需要选择不同的版式。

版式是由占位符组成的，占位符内可以
放置标题、文本和其他内容，包括表格、图
表、图片、组织结构图、剪贴画和媒体剪辑
等。

PowerPoint 2016为用户提供了11种版
式，所以在添加新的幻灯片时，可以选择一
种幻灯片版式来适当地调整幻灯片的布局。

制作幻灯片时，不仅可以使用系统提供
的版式，还可以自己制作版式。后面我们会
具体介绍。

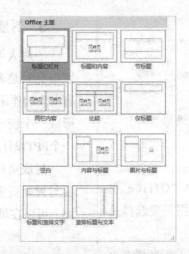

12.3.2 PPT整体设计

在制作PPT时，按照幻灯片的位置、作用、内容，可以将幻灯片分类，找到每一类的共同点，制作PPT会更方便快捷。

PPT的整体可以分为封面页、目录页、过渡页、标题页、封底页5种。

1. 封面页

封面页一般要突出主题、弱化副标题，也要表现公司名称、公式LOGO，或者是演示文稿的制作者等信息。

封面页要简洁、大方，封面中可以使用图片、图形、图标、文字、艺术字，但要尽量避免使用与主题无关的元素。

封面是一个独立的页面，可以在母版中进行设计。

2. 目录页

目录页不仅仅表现整个演示文稿的文本内容，目录的表现形式往往更能体现整个演示文稿的制作水平。

目录页中包括目录标识、目录内容、页码等幻灯片元素。

目录页也是演示文稿中独立的一页，也可以在幻灯片中进行设计。

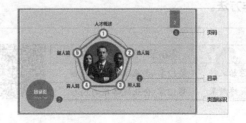

3. 过渡页

过渡页的页面标识、页码、颜色、字体、布局一般和目录页保持完全的统一。与PPT布局相同的过渡页，可以通过颜色对比的方式，展示当前课题进度。

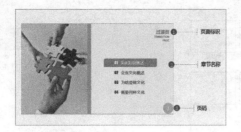

4. 标题页

各章节共同部分在母版中"Office 主题"上设置，具体章节标题根据需要选择是否在母版中设置。

如果PPT课件逻辑层次较多，标题栏至少要设计两级标题。

对于标题页的幻灯片中的共同部分可以在母版中进行设计。

5. 封底页

一般人可能会忽略封底的设计，因为封底毕竟只是表达感谢和保留作者信息的，没有太大的作用。但是，如果要让PPT在整体上形成一个统一的风格，我们需要专门针对每一个PPT设计封底。

封底页应与封面的风格一致，但是也不要与封面页重复。封底页也是一个独立的页面，可以在母版中进行设计。

12.3.3 设计母版版式

前面已经介绍了主题、版式、演示文稿的整体划分等基础知识，下面我们具体介绍母版的制作方法。

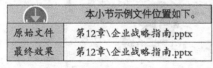

本小节示例文件位置如下。	
原始文件	第12章\企业战略指南.pptx
最终效果	第12章\企业战略指南.pptx

1. 新建母版

1 打开本实例的原始文件，切换到【视图】选项卡，单击【母版视图】组中的幻灯片母版按钮。

2 即可进入幻灯片母版视图，在预览框中可以看到系统自带的【Office 主题】。

3 在【编辑母版】组中，单击【插入幻灯片母版】按钮 ▢。

4 此时即可在幻灯片中插入一个新的母版【自定义设计方案】幻灯片母版。

2. 插入版式

1 在演示文稿的母版视图中的【编辑母版】组中单击【插入版式】按钮 ▢。

2 此时即可在【自定义设计方案】的最后面插入一个版式。

3. 删除版式

上面介绍了插入版式的方法，下面介绍删除版式。具体操作步骤如下。

1 选中【自定义设计方案】最后的版式，单击【编辑母版】组中的【删除幻灯片】按钮 ▢。

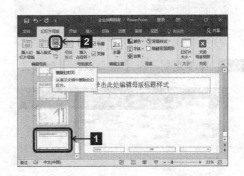

2 此时即可将【仅标题】版式的幻灯片删除。

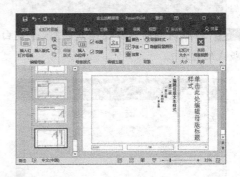

3 按照同样的方法删除【自定义设计方案】中不需要的幻灯片版式，只保留【空白版式】幻灯片。

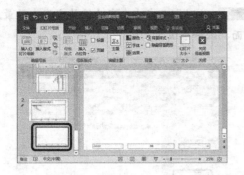

4. 复制版式

■ **1** 在【空白版式】上单击鼠标右键，从弹出的快捷菜单中选择【复制版式】选项。

2 即可复制一个【空白版式】幻灯片。

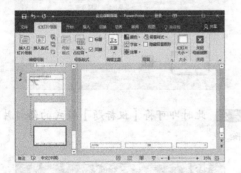

■ **3** 按照同样的方法继续复制3张【空白】版式幻灯片。

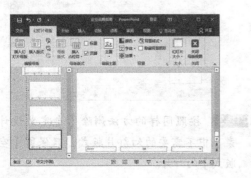

5. 重命名版式

■ **1** 在第1张【空白版式】上单击鼠标右键，从弹出的快捷菜单中选择【重命名版式】选项。

■ **2** 弹出【重命名版式】对话框，在【版式名称】文本框中输入【封面页】，单击 重命名(R) 按钮。

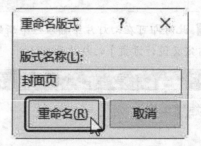

■ **3** 将鼠标指针移动到幻灯片上，即可看到更改后的名称。

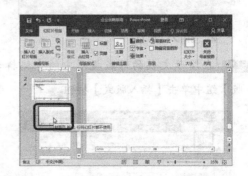

■ **4** 选中下一张【空白版式】幻灯片，在【编辑母版】组中单击【重命名】按钮 。

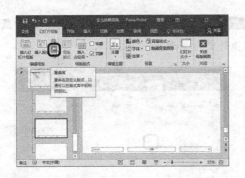

5 弹出【重命名版式】对话框，在【版式名称】文本框中输入【目录页】，然后单击 重命名(R) 按钮，即可完成重命名。

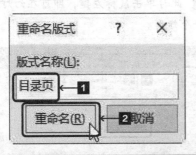

6 按照同样的方法将剩余的【空白版式】的幻灯片重命名为目录页、过渡页、标题页、封底页。

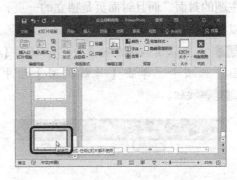

12.3.4 编辑母版

下面以制作演示文稿"企业战略指南"母版为例介绍编辑母版的方法。

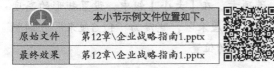

本小节示例文件位置如下。	
原始文件	第12章\企业战略指南1.pptx
最终效果	第12章\企业战略指南1.pptx

本小节我们将以制作"企业战略指南"母版为例介绍制作母版的具体方法。

1. 设计理念

我们在做"企业战略指南"演示文稿之前，需要整理演示文稿的文案大纲。

根据PPT整体设计的思路，我们知道需要制作封面页、目录页、过渡页、标题页、封底页 5 种版式的模板。下面介绍具体方法。

2. 设计封面页母版

每个主题的演示文稿，都需要一个贴合主题的封面。而且封面页是独立的一页，可以在母版中进行设计。

1 打开本实例的原始文件，切换到【视图】选项卡，单击【母版视图】组中的 幻灯片母版 按钮。

2 此时即可进入幻灯片母版视图模式，在导航窗格中选中【封面页 版式：任何幻灯片都不使用】幻灯片。

3 切换到【插入】选项卡，在【插图】组中，单击【形状】按钮 ，在弹出的下拉列表中的【矩形】组中选择【矩形】选项。

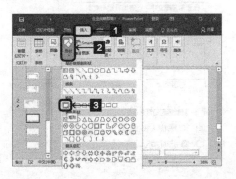

4 将鼠标指针移动到幻灯片中，此时鼠标指针变为＋形状。

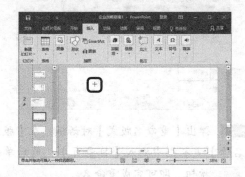

5 此时单击鼠标左键，即可在幻灯片中绘制一个矩形。

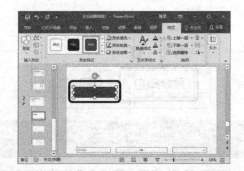

6 切换到【绘图工具】工具栏的【格式】选项卡，在【大小】组中，设置矩形的高度为"1.4厘米"，宽度为"11.3厘米"。调整好矩形的位置。

7 在【绘图工具】工具栏的【格式】选项卡中，单击【形状样式】组中的【形状填充】按钮 右侧的下三角按钮，从弹出的下拉列表中选择【其他填充颜色】选项。

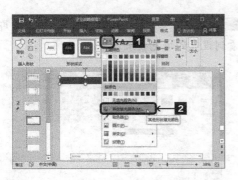

8 弹出【颜色】对话框，切换到【自定义】选项卡，在【颜色模式】下拉列表中选择【RGB】选项，然后在下面的红色、绿色、蓝色微调框中分别输入【64】【64】【64】。

9 单击 [确定] 按钮，返回幻灯片中，即可看到设置的填充效果。

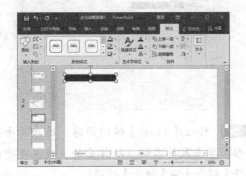

10 在【绘图工具】工具栏的【格式】选项卡中，单击【形状样式】组中的【形状轮廓】按钮 右侧的下三角按钮，从弹出的下拉列表中选择【无轮廓】选项。

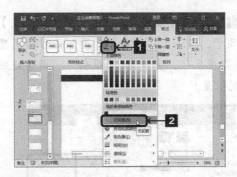

11 效果如图所示。

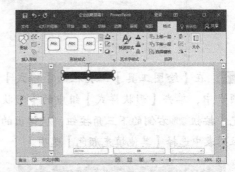

12 切换到【插入】选项卡，在【插图】组中单击【形状】按钮 ，在弹出的下拉列表中的【矩形】组中选择【矩形：圆角】选项。

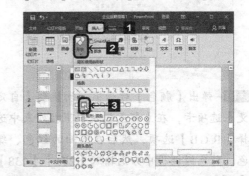

13 将鼠标指针移动到幻灯片中，此时鼠标指针变为＋形状，单击鼠标左键，即可绘制一个圆角矩形。

14 切换到【绘图工具】工具栏的【格式】选项卡，在【大小】组中，设置矩形的高度为"3厘米"，宽度为"2厘米"。调整好矩形的位置。

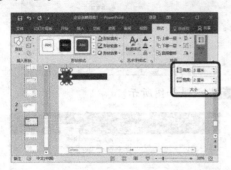

15 在【绘图工具】工具栏的【格式】选项卡中，单击【形状样式】组中的【形状填充】按钮右侧的下三角按钮，从弹出的下拉列表中选择【其他填充颜色】选项。

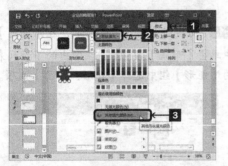

16 弹出【颜色】对话框，切换到【自定义】选项卡，在【颜色模式】下拉列表中选择【RGB】选项，然后在下面的红色、绿色、蓝色微调框中分别输入【251】【138】【1】。

17 单击 确定 按钮，返回幻灯片中，即可看到设置的填充效果。

18 在【绘图工具】工具栏的【格式】选项卡中，单击【形状样式】组中的【形状轮廓】按钮右侧的下三角按钮，从弹出的下拉列表中选择【无轮廓】选项。

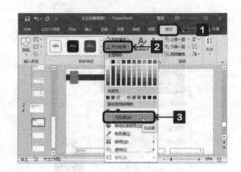

19 效果如图所示。

20 按住【Shift】键的同时，选中两个矩形，单击鼠标右键，从弹出的快捷菜单中选择【组合】➤【组合】选项。

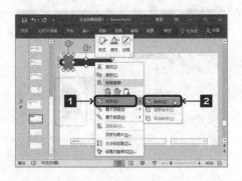

21 即可将两个矩形组合为一个整体。

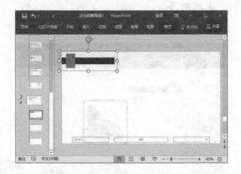

22 在【绘图工具】工具栏的【格式】选项卡中，单击【插入形状】组中的【形状】按钮，从弹出的下拉列表中的【基本形状】组中选择【椭圆】选项。

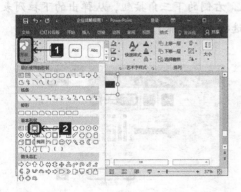

23 将鼠标指针移动到幻灯片中，此时鼠标指针变为 + 形状，单击鼠标左键，即可绘制一个椭圆。

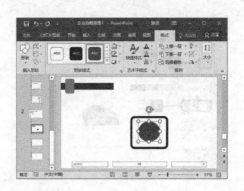

24 在【绘图工具】工具栏的【格式】选项卡的【大小】组中，设置椭圆的高度和宽度。

25 按照同样的方法，绘制两个矩形，调整其大小和位置，效果如图所示。

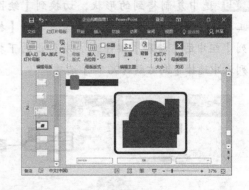

26 按住【Shift】键的同时，依次选中椭圆和两个矩形，切换到【绘图工具】工具栏的【格式】选项卡，单击【插入形状】组中的【合并形状】按钮，从弹出的下拉列表中选择【剪除】选项。

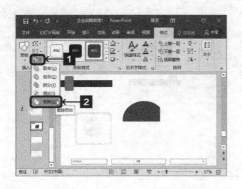

27 即可得到一个新形状，按【Ctrl】+
【C】组合键复制形状，然后按【Ctrl】+
【V】组合键粘贴，即可复制一个新形状。

28 选中复制得到的形状，切换到【绘图
工具】工具栏的【格式】选项卡，单击【排
列】组中的【旋转】按钮 🔄，从弹出的下拉
列表中选择【向右旋转90°】选项。

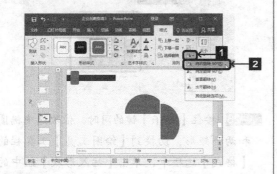

29 按照同样的方法，将向右旋转后的形状
水平翻转，效果如图所示。

30 调整形状的大小并设置两个形状右对
齐、底端对齐。

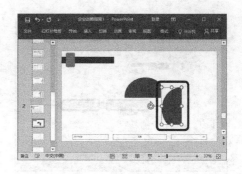

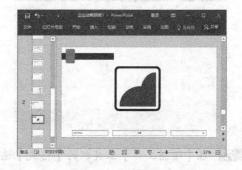

31 按住【Shift】键的同时选中两个图形，
单击【形状样式】组中的【形状轮廓】按钮
🖊 右侧的下三角按钮，从弹出的下拉列表中
选择【无轮廓】选项。

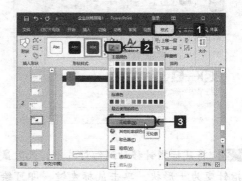

32 复制一组图形，将其移动到合适的位
置。

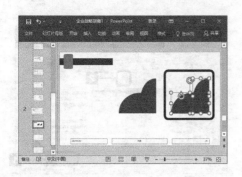

33 此时复制的一组图形呈选中状态，切换到【绘图工具】工具栏的【格式】选项卡，单击【插入形状】组中的【合并形状】按钮🔵，从弹出的下拉列表中选择【组合】选项。

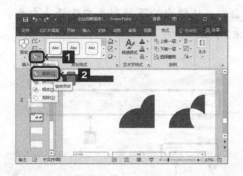

34 选中前一组图形，切换到【绘图工具】工具栏的【格式】选项卡，单击【插入形状】组中的【合并形状】按钮🔵，从弹出的下拉列表中选择【相交】选项。

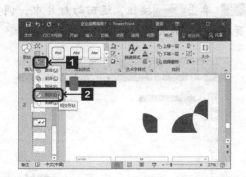

35 设置3个图形的【形状填充】【形状轮廓】效果。并将其移动到幻灯片的右下角位置，并将其组合为一个整体。

36 切换到【幻灯片母版】选项卡，在【母版版式】组中，选中【标题】复选框。

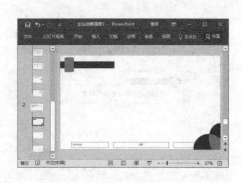

37 即可插入一个标题占位符，移动其位置，此时封面页母版已经制作完成。

3. 设计目录页母版

1 在【封面页版式】幻灯片中，按住【Shift】键的同时，选中插入的图形，按【Ctrl】+【C】组合键复制。

2 在导航窗格中，选中【目录页版式：任何幻灯片都不使用版式】幻灯片，按下【Ctrl】+【V】组合键即可将封面页中的形状复制到目录页中，调整其大小。

3 选中幻灯片右下角显示页码的占位符，单击鼠标右键，从弹出的快捷菜单中选择【置于顶层】➤【置于顶层】选项。

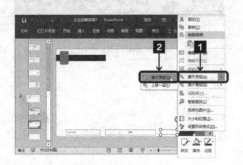

4 选中页码符号"<#>"，切换到【开始】选项卡，单击【字体】组右下角的【对话框启动器】按钮。

5 弹出【字体】对话框，切换到【字体】选项卡，在【西文字体】下拉列表中选择【Cambria Math】选项，在【字体样式】下拉列表中选择【加粗】选项，在【大小】微调框中输入【20】，单击【字体颜色】按钮，从弹出的下拉列表中选择【白色，背景1】选项。

6 单击 确定 按钮，返回幻灯片中，调整页码占位符的大小和位置，效果如图所示。

4. 设计过渡页母版

1 在【目录页版式】幻灯片中，按住【Shift】键的同时，选中插入的图形和页码占位符，按【Ctrl】+【C】组合键复制。

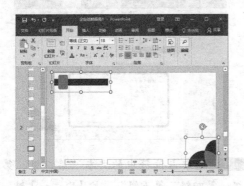

2 在导航窗格中，选中【过渡页 版式：任何幻灯片都不使用版式】幻灯片，按下【Ctrl】+【V】组合键即可将目录页中的形状复制到过渡页中。

3 切换到【幻灯片母版】选项卡，在【母版版式】组中，撤选【页脚】复选框。

4 切换到【幻灯片母版】选项卡，在【母版版式】组中选中【标题】复选框。

5 选中标题占位符，切换到【开始】选项卡，在【字体】下拉列表中选择【微软雅黑】选项，在【字号】下拉列表中选择【28】选项，然后单击【加粗】按钮，调整占位符的大小，效果如图所示。

5. 设计标题页母版

1 在导航窗格中，在【过渡页 版式：任何幻灯片都不使用】幻灯片上单击鼠标右键，在弹出的快捷菜单中选择【复制版式】选项。

2 即可复制一张过渡页版式的幻灯片，在此幻灯片上单击鼠标右键，在弹出的快捷菜单中选择【重命名版式】选项。

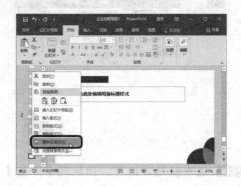

3 弹出【重命名版式】对话框，在【版式名称】文本框中输入版式名称【标题页】，然后单击 重命名(R) 按钮。

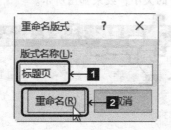

4 返回幻灯片中，切换到【幻灯片母版】选项卡，在【母版版式】组中单击【插入占位符】按钮的下半部分按钮，从弹出的下拉列表中选择【文本】选项。

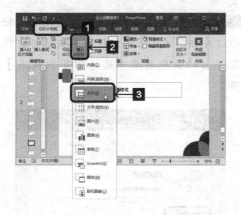

5 此时鼠标指针变为十形状，按下鼠标左键并拖动鼠标，拖动到合适的位置释放鼠标左键，即可绘制一个占位符。

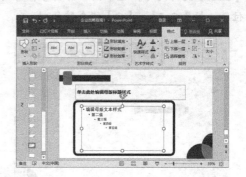

6 选中占位符中的文本"第二级、第三级、第四级、第五级"，按【Delete】键，将其删除。

7 选中占位符，切换到【开始】选项卡，单击【段落】组中【项目符号】按钮 右侧的下三角按钮 ，从弹出的下拉列表中选择【无】选项。

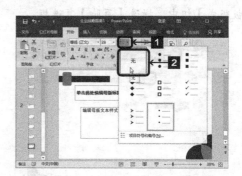

8　在【字体】组中设置占位符的格式为【微软雅黑】【18】【加粗】【白色，文字1，深色25%】。

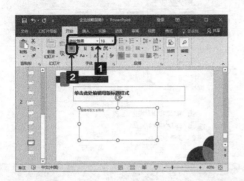

9　将占位符中的文本修改为"单击此处编辑母版标题样式"。

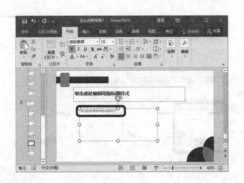

10　调整占位符的大小，并调整两个占位符的位置，效果如图所示。

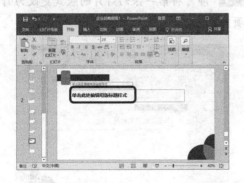

6. 设计封底页母版

1　在导航窗格中，选中【封底页 版式：任何幻灯片都不使用】幻灯片，切换到【幻灯片母版】选项卡，在【母版版式】组中选择【标题】复选框。

2　选中标题占位符，切换到【开始】选项卡，在【字体】组中，设置字体格式，效果如图所示。

3　至此"企业战略指南"演示文稿母版已经制作完成。切换到【幻灯片母版】选项卡，单击【关闭】组中的【关闭母版视图】按钮。

4　返回演示文稿的普通视图模式，切换到【开始】选项卡，单击【幻灯片】组中的【新建幻灯片】按钮的下半部分按钮。

5 即可在弹出的下拉列表中看到创建的母版样式。

12.3.5 编辑幻灯片

母版制作完成后，就可以开始编辑"企业战略指南"演示文稿了。

	本小节示例文件位置如下。
素材文件	第12章\1.png~3.png
原始文件	第12章\企业战略指南2.pptx
最终效果	第12章\企业战略指南2.pptx

本小节介绍编辑幻灯片的具体内容。

1. 编辑封面页幻灯片

1 打开本实例的原始文件，切换到【开始】选项卡，单击【幻灯片】组中的【幻灯片版式】按钮 。

2 在弹出下拉列表中的【自定义设计方案】组中选择【封面页】选项。

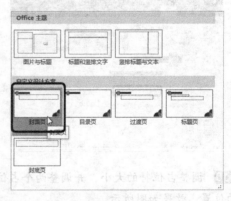

3 即可将第一张幻灯片的版式更改为封面页版式。

4 在幻灯片中的【单击此处添加标题】占位符中单击鼠标左键，此时光标定位到该占位符中。

5 在占位符中输入标题文本"企业战略指南"。

6 选中文本"企业战略指南",切换到【开始】选项卡,单击【字体】组中的【对话框启动器】按钮。

7 弹出【字体】对话框,切换到【字体】选项卡,在【中文字体】下拉列表中选择【方正综艺简体】选项,在【大小】微调框中输入【90】,然后单击【字体颜色】按钮,从弹出的下拉列表中选择【其他颜色】选项。

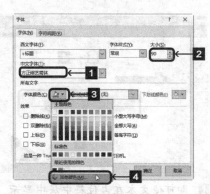

8 弹出【颜色】对话框,切换到【自定义】选项卡,在【颜色模式】下拉列表中选择【RGB】选项,然后在红色、绿色、蓝色微调框中分别输入【250】【132】【2】。

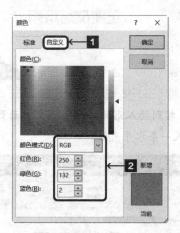

9 依次单击 确定 按钮,返回幻灯片中,效果如图所示。

10 选中文本"企业战略指南",切换到【开始】选项卡,单击【段落】组中的【居中】按钮。

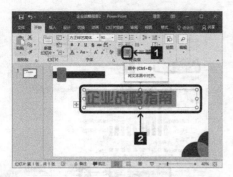

11 即可使文本在占位符中居中显示，调整占位符的位置。

12 按照插入形状的方法，在封面页幻灯片中插入一条水平直线。

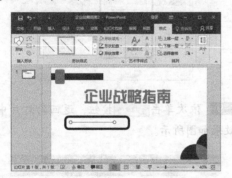

13 选中直线，单击鼠标右键，在弹出的快捷菜单中选择【设置形状格式】选项。

14 弹出【设置形状格式】任务窗格，单击【填充线条】按钮，在【线条】组中选中【实线】单选钮，在【宽度】微调框中输入【0.75磅】，然后单击【颜色】按钮，从弹出的下拉列表中选择一种合适的颜色。

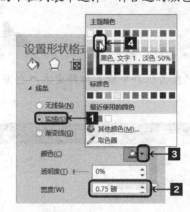

15 在【箭头末端类型】下拉列表中选择【钻石形箭头】选项。

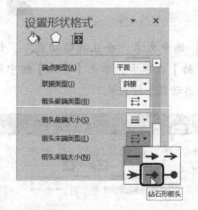

16 设置完毕，单击【关闭】按钮×，返回幻灯片中即可。

17 按照同样的方法，绘制一条直线，设置其颜色、宽度，并设置其【箭头前端类型】为【钻石形箭头】选项，效果如图所示。

18 切换到【插入】选项卡，在【文本】组中，单击【文本框】按钮的下半部分按钮，从弹出的下拉列表中选择【横排文本框】选项。

19 将鼠标指针移动到幻灯片中，此时鼠标指针变为↓形状，按住鼠标左键并拖动鼠标，拖动到合适的位置后，释放鼠标左键，即可绘制一个文本框。

20 此时文本框处于可编辑状态，在文本框中输入文本【战略管理部】，按【Enter】键进行换行，然后输入文本【2017年5月】。

21 将文本设置为【微软雅黑】【24】【黑色，文字1，淡色50%】【居中】，并适当调整文本框的大小。

22 按住【Shift】键的同时选中绘制的文本框和两条直线，切换到【绘图工具】工具栏的【格式】选项卡，单击【排列】组中的【对齐】按钮，从弹出的下拉列表中选择【垂直居中】选项。

23 再次单击【排列】组中的【对齐】按钮，从弹出的下拉列表中选择【横向分布】选项。

24 此时封面页幻灯片已经制作完成了，最终效果如图所示。

2. 编辑目录页幻灯片

1 切换到【开始】选项卡，单击【幻灯片】组中的【新建幻灯片】按钮的下半部分按钮，从弹出的下拉列表中选择【目录页】版式。

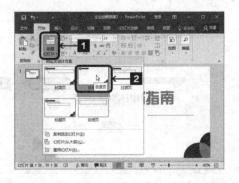

2 即可插入一张目录页版式的幻灯片，切换到【插入】选项卡，在【文本】组中，单击【幻灯片编号】按钮。

3 弹出【页眉和页脚】对话框，选中【幻灯片编号】复选框，然后单击 全部应用(Y) 按钮。

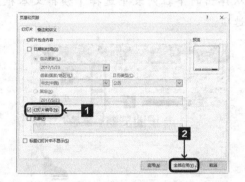

4 返回幻灯片中，在页码位置显示页码。

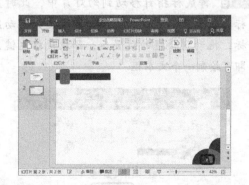

5 切换到【插入】选项卡，在【插图】组中单击【形状】按钮。在弹出的下拉列表中选择【矩形】。

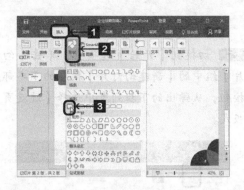

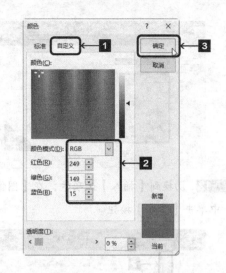

6　即可在幻灯片中绘制一个矩形，设置好矩形的大小和位置。

7　选中插入的矩形，在【绘图工具】工具栏中，单击【形状样式】组中的【形状填充】按钮右侧的下三角按钮，从弹出的下拉列表中选择【其他填充颜色】选项。

8　弹出【颜色】对话框，切换到【自定义】选项卡，在【颜色模式】下拉列表中选择【RGB】选项，然后在下面的红色、绿色、蓝色微调框中分别输入【249】【149】【15】。然后单击【确定】按钮。

9　在【绘图工具】工具栏的【格式】选项卡中，单击【形状样式】组中的【形状轮廓】按钮右侧的下三角按钮，从弹出的下拉列表中选择【无轮廓】选项。

10　返回幻灯片中即可看到设置的效果。

11　在幻灯片中输入目录内容，并设置文字格式，调整好位置。

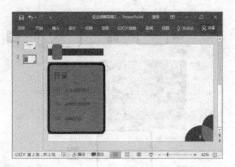

12 切换到【插入】选项卡，在【图像】组中单击【图片】按钮。

13 弹出【插入图片】对话框，找到图片的保存位置，选中要插入的图片，单击 插入(S) 按钮。

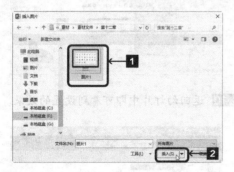

14 即可在幻灯片中插入一张图片，调整好图片的位置和大小。

3. 编辑过渡页幻灯片

1 切换到【开始】选项卡，单击【幻灯片】组中的【新建幻灯片】按钮的下半部分按钮，从弹出的下拉列表中选择【过渡页】版式。

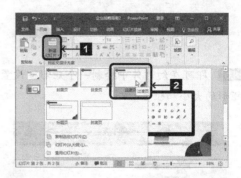

2 即可在幻灯片中插入一张过渡页版式的幻灯片。

3 在标题占位符中输入标题文本"企业战略概述"，设置字体大小。

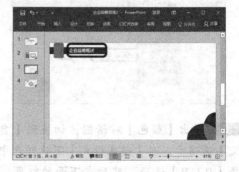

4 在幻灯片中输入相应内容，效果如图所示。

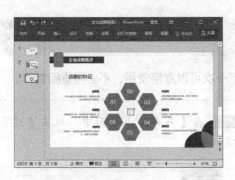

4. 编辑标题页幻灯片

1 按照前面使用的方法，插入一张【标题页】版式的幻灯片。

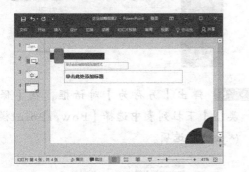

2 在两个标题占位符中输入一级标题和一级标题的第一个二级标题。

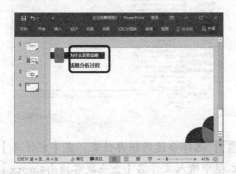

3 通过插入形状增强此页幻灯片的内容显示效果，效果如图所示。

5. 编辑封底页幻灯片

1 在演示文稿中插入一张【封底页】版式的幻灯片。

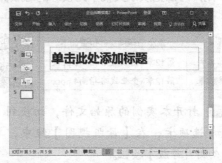

2 在幻灯片中输入文本，设置文本大小和位置。

3 在幻灯片中插入一个矩形，并设置【形状填充】【形状轮廓】等效果。

4 在幻灯片中插入一个矩形框，并调整好位置，效果如图所示。

12.3.6 提取幻灯片母版

用户可以把演示文稿中比较好的母版保存出来，下一次可以直接使用，不必再重新制作。

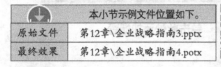

本小节示例文件位置如下。	
原始文件	第12章\企业战略指南3.pptx
最终效果	第12章\企业战略指南4.potx

1 打开本实例的原始文件，切换到【视图】选项卡，在【母版视图】组中，单击【幻灯片母版】按钮。

2 演示文稿自动弹出【幻灯片母版】选项卡，单击 文件 按钮。

3 从弹出的界面中选择【另存为】选项。

4 在【另存为】界面中，双击【这台电脑】选项。

5 弹出【另存为】对话框，在【保存类型】下拉列表中选择【PowerPoint模板(*.potx)】选项。

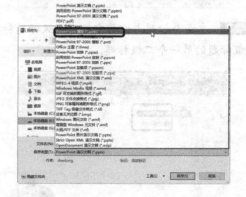

6 选择合适的保存位置，在【文件名】文本框中输入文件名【企业战略指南4.potx】，然后单击 保存(S) 按钮。

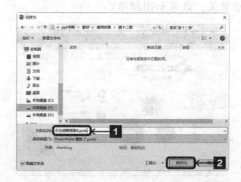

7 返回幻灯片中，单击【关闭】按钮即可。

8 单击【开始】按钮，从弹出的下拉列表中选择【所有程序】➤【PowerPoint 2016】选项。

9 弹出PowerPoint界面，在界面右侧选择【空白演示文稿】选项。

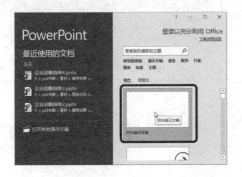

10 即可创建一个空白演示文稿，切换到【开始】选项卡，在【幻灯片】组中，单击【新建幻灯片】按钮的下半部分。

11 可以在弹出的下拉列表中看到【Office主题】母版。

12 切换到【设计】选项卡，单击【主题】组中的【其他】按钮。

13 在弹出的下拉列表中选择【浏览主题】选项。

14 弹出【选择主题或主题文档】对话框，找到主题的保存位置，选中主题，然后单击 应用(P) 按钮。

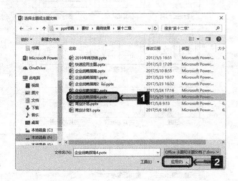

15 返回幻灯片中，切换到【开始】选项卡，在【幻灯片】组中，单击【新建幻灯片】按钮的下半部分。

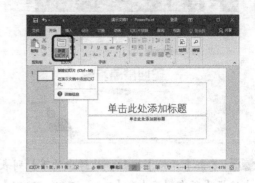

16 在弹出的下拉列表中，可以看到保存的母版【自定义设计方案】。

第13章

演示文稿的放映

编辑完演示文稿后，最后的环节就是放映演示文稿了。
在放映之前我们需要对其进行一些必要的设置，例如调
整幻灯片的顺序以及每张幻灯片的放映时间等。

关于本章知识，本书配套教学资源中有相关
的多媒体教学视频，视频路径为【演示文稿
的后期管理\放映幻灯片】。

13.1 演示原则和技巧

演示的好坏关系着信息传达的成功或失败，如果演示过程冗长、死板，那么就不能吸引别人的注意，很难有效地传达重要信息。

13.1.1 走出演示误区

幻灯片放映不仅仅是将那些已经制作好的幻灯片再重新播放一遍，除了需要让这些幻灯片可以很好地为演讲者提供协助与服务以外，还需要让幻灯片在演讲过程中向观众传递一些信息。可见，如果能够对放映进行有效设置，将有利于整个演讲过程的顺畅进行。

演示幻灯片过程中最容易走进的误区是"胡乱放映"，要知道，使用这些幻灯片是希望在演示的过程中给予帮助，而不是带来一些麻烦。下面列出了一些影响放映效果的常见问题。

对于这些问题需要做进一步的说明，在演示或是演讲中，不难发现会有如下一些现象。

首先，大家只会单击鼠标右键，来选择"下一张""结束放映"等命令。假如某张幻灯片没有编号，便不可以用"定位至幻灯片"的命令操作，此时，退出放映状态，就只能慌乱地查找某页幻灯片了。

其次，演讲者为了让屏幕上的内容暂时不被观众看到，而使用纸片挡在投影仪镜头的前面……

为什么在演示的过程中会出现这么多让人感到慌乱的事件呢？下图列出了一些主要原因。

流畅的PPT放映是"专业"的一种表现，要保证放映过程的连贯性，除了要在观念上有所改变，还应该在软件上多下一些功夫，这样才能在放映幻灯片时不再手忙脚乱。

13.1.2　演示原则

1. PPT演示原则——10

10，是指PowerPoint演示中最理想的幻灯片页数。一个普通人在一次会议中较难集中注意力去理解10页以上幻灯片的概念。

这就要求在制作演示文稿的过程中要做到让演示文稿简洁、一目了然，尤其是文字内容要化繁为简，突出重点。

2. PPT演示原则——20

20，是指演示者要在20分钟里介绍自己的10页PPT。观众很难长时间集中注意力到同一件事上。所以演示者要在观众注意力最好的时候，介绍完自己的演示内容。

3. PPT演示原则——30

30，是指演示文稿中的文本字号要尽量大一些。

每页幻灯片中不要挤满密密麻麻的文字，那样观众没有观看的兴趣。

4. 熟悉演示文稿内容

演示者要熟悉自己的演示文稿的内容，在演讲的过程中，适当添加扩充性的内容，不要只顾低头照念幻灯片中的内容。

5. 做好准备工作

在放映演示文稿之前，不仅要保证演示文稿是优秀的，而且还要提前演示几次，并到现场测试声音、视频文件是否能正常运行。

6. 准备相关资料

在演示PPT时，需要一些讲义资料或者相关文件，要提前准备好。

13.1.3　演示技巧

在演示PPT时，掌握一些演示技巧，有利于增强演示效果。

1. PowerPoint自动黑屏

○ 快捷键法

在使用演示文稿进行报告时，有时需要暂停讲解，进行互动讨论，此时为了避免屏幕上的画面吸引观众的注意力，可以按【B】键，屏幕会自动黑屏（按【W】键，屏幕自动变白）。

讨论完成后，再次按【B】键或者【W】键，即可结束黑屏或者白屏。

○ 鼠标右键法

在幻灯片放映过程中，单击鼠标右键，在弹出的快捷菜单中选择【黑屏】或者【白屏】选项即可。

如果要退出黑屏或者白屏。在黑屏或者白屏上，单击鼠标右键，从弹出的快捷菜单中选择【屏幕还原】选项即可。

2. 快速定位放映中的幻灯片

在幻灯片的放映过程中，如果想要快进或后退到某一张幻灯片，例如想要跳转到第7张幻灯片，只要按下数字键【7】，然后按下【Enter】键，即可跳转到第7张幻灯片。

如果要从其他页幻灯片中返回第1张幻灯片，只要同时按下鼠标左右键并停留2s以上即可实现。

3. 在放映过程中显示快捷键

快捷键法

在演示文稿的放映过程中，如果一时忘记了某快捷键的使用方法，按【F1】键或者【Shift】+【？】组合键，会弹出【幻灯片放映帮助】对话框，在该对话框中显示了常用的快捷键使用方法。

鼠标右键法

在幻灯片放映过程中，单击鼠标右键，从弹出的快捷菜单中选择【帮助】选项。

弹出【幻灯片放映帮助】对话框，可以查看快捷键的使用方法。

4. PPT中视图巧切换

在演示文稿的状态栏中有普通视图、幻灯片浏览视图、阅读视图、幻灯片放映视图4种模式。

按住【Shift】键的同时，单击状态栏的【普通视图】按钮，即可切换到幻灯片母版视图，再次单击【普通视图】按钮，即可返回普通视图。

按住【Shift】键的同时，单击状态栏的【幻灯片浏览】按钮，即可切换到讲义母版视图，再次单击【幻灯片浏览】按钮，则可切换到幻灯片浏览视图。

13.2 放映方式分类

演示文稿编辑完成以后，用户就可以进行放映了。在放映之前，我们要先了解放映的方式，这样在放映幻灯片时，就可以选择合适的放映方式了。

13.2.1 按放映主体分类

在PowerPoint 2016中，提供了3种幻灯片的放映方式，分别是演讲者放映（全屏幕）、观众自行浏览（窗口）和在展台浏览（全屏幕），下面分别介绍它们的功能。

● 演讲者放映（全屏幕）

这是一种传统的全屏放映方式，主要用于演讲者亲自播放演示文稿。在这种方式下，演讲者具有完全的控制权，可以使用鼠标逐个放映，也可以自动地放映演示文稿，同时还可以进行暂停、回放、录制旁白以及添加标记等操作。

● 观众自行浏览（窗口）

该方式适用于小规模演示。例如个人通过公司的网络进行预览等。在放映时，演示文稿是在标准窗口中进行放映的，并且可以提供相应的操作命令，允许用户移动、编辑、复制和打印幻灯片。

在这种方式下，用户不能通过鼠标单击的方法逐个放映幻灯片，但可以使用鼠标滚动或者单击整个幻灯片下方的左端的【上一张】按钮或【下一张】按钮来放映幻灯片。

● 观众展台浏览（全屏幕）

这是一种自动运行全屏幕循环放映的放映方式，放映结束5分钟之内，如果用户没有指令则重新放映。另外，在这种方式下，演示文稿通常会自动放映，并且大多数的控制命令都不可以使用，只能使用【Esc】键终止幻灯片的放映。

其展台一般是指计算机和监视器，通常安装在人流密集的地方。用户还可以对展台进行设置，以便自动或连续播放演示文稿。

13.2.2 按放映顺序分类

开始放映幻灯片可以分为从头开始放映、从当前幻灯片开始放映、联机演示、自定义放映4种方法。

本小节示例文件位置如下。	
原始文件	第13章\2016年终总结.pptx
最终效果	第13章\2016年终总结.pptx

● 从头开始放映

如果用户希望从第一张幻灯片开始放映，可以使用以下2种方法。

方法1：切换到【幻灯片放映】选项卡，在【开始放映幻灯片】组中单击【从头开始】按钮。

方法2：按键盘上的【F5】键，也可以从头开始放映幻灯片。

○ 从某张幻灯片开始放映

如果希望从某张幻灯片开始放映，有以下2种方法。

方法1：选中想要开始放映的幻灯片，例如选中第6张幻灯片，切换到【幻灯片放映】选项卡，在【开始放映幻灯片】组中单击 按钮，即可使演示文稿从第6张幻灯片开始放映。

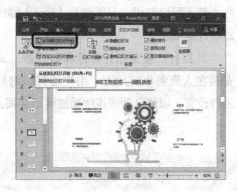

方法2：按键盘上的【Shift】+【F5】组合键，也可以从当前幻灯片开始放映。

○ 联机演示

联机演示是Office一项免费的公共服务，允许其他观众在Web浏览器中查看自己的演示文稿的放映。

1 切换到【幻灯片放映】选项卡，在【开始放映幻灯片】组中单击 按钮右侧的下三角按钮，从弹出的下拉列表中选择【Office演示文稿服务】选项。

2 弹出【联机演示】对话框，提示用户此功能可以使浏览者在Web浏览器下载并观看演示文稿放映，然后单击 按钮。

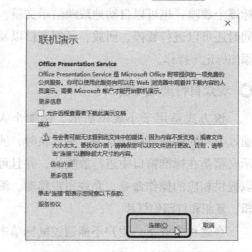

│提示│::::::

在【联机演示】对话框中，提示用户此功能可以使观众在Web浏览器中观看并下载演示文稿内容。如果允许观众下载内容，可以选中【允许远程查看者下载此演示文稿】复选框；如果不允许下载内容，可以撤选此复选框。

3 弹出【登录】对话框，在文本框中输入 Office账户名，然后单击【下一步】按钮。

4 继续弹出【输入密码】对话框，在【密码】文本框中输入密码，然后单击【登录】按钮。

5 弹出【联机演示】提示框，提示用户"正在准备联机演示文稿"。

6 随即弹出一个链接，与远程查看者共享此链接，然后单击 开始演示(S) 按钮，即可进入演示文稿的联机全屏演示模式，按【Esc】键，即可退出全屏放映状态。

7 此时可以看到演示文稿默认切换到【联机演示】选项卡。

8 用户在"联机演示"状态下，也可以选择【从头开始放映】或者是【从当前幻灯片开始】两种放映方式。

9 用户也可以选择演示文稿的显示位置。

10 演示文稿放映完成后,单击【联机演示】组中的【结束联机演示】按钮。

11 弹出【Microsoft PowerPoint】对话框,单击 结束联机演示(E) 按钮即可退出联机演示状态。

○ 自定义幻灯片放映

针对不同的场合或者观众,用户可能需要设置演示文稿的放映顺序或者幻灯片的放映张数。这时可以利用PowerPoint 2016提供的自定义放映功能来实现。

1 切换到【幻灯片放映】选项卡,在【开始放映幻灯片】组中单击【自定义幻灯片放映】按钮 自定义幻灯片放映▼ ,在弹出的下拉列表中选择【自定义放映】选项。

2 随即弹出【自定义放映】对话框。

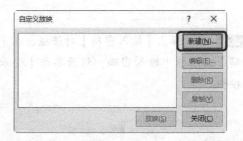

3 单击 新建(N)... 按钮,弹出【定义自定义放映】对话框。

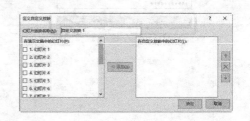

4 在【幻灯片放映名称】文本框中输入新建的自定义放映的幻灯片名称,此处输入【总结1】,在【在演示文稿中的幻灯片】列表框中选中需要创建自定义放映的幻灯片,例如选中1、3、4、6。

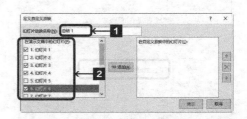

5 单击 添加(A) 按钮，即可将选中的幻灯片添加到右侧的【在自定义放映中的幻灯片】列表框中。

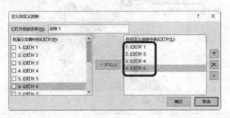

6 添加完毕后，如果用户发现有遗漏的幻灯片，可以在【在演示文稿中的幻灯片】列表框中选中遗漏的幻灯片，然后单击 添加(A) 按钮。

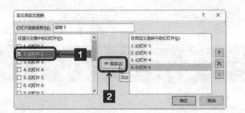

7 即可将选中的幻灯片添加到右侧的【在自定义放映中的幻灯片】列表框中的最后位置。

8 如果想调整幻灯片放映时的顺序，在【在自定义放映中的幻灯片】列表框中选中需要调整的幻灯片，单击【向上】按钮↑或【向下】按钮↓即可调整其次序。例如选中幻灯片2，单击【向上】按钮↑。

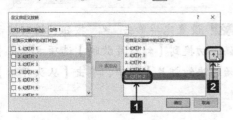

9 即可将幻灯片2的顺序由原来的位置5移动到位置4。

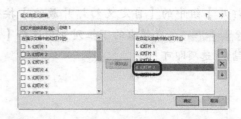

10 如果想删除已添加到【在自定义放映中的幻灯片】列表框中的幻灯片，选中需要删除的幻灯片，例如选中幻灯片2，然后单击【删除】按钮。

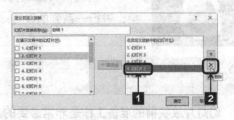

11 即可将选中的幻灯片从【在自定义放映中的幻灯片】列表框中删除。

12 确认无误后单击 确定 按钮，关闭【定义自定义放映】对话框，返回【自定义放映】对话框。如果想要即刻放映自定义幻灯片，单击 放映(S) 按钮即可进入放映状态。如果暂时不想放映，单击 关闭(C) 按钮，返回幻灯片。

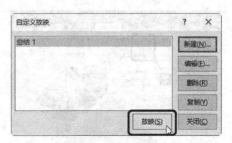

13 如果想要再次放映"总结1",切换到【幻灯片放映】选项卡,单击【开始放映幻灯片】组中的【自定义幻灯片放映】按钮 ⛛自定义幻灯片放映▾,在弹出的下拉列表中选择【总结1】选项即可。

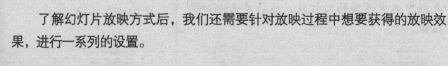

13.3 设置幻灯片放映

了解幻灯片放映方式后,我们还需要针对放映过程中想要获得的放映效果,进行一系列的设置。

13.3.1 幻灯片放映前的设置

幻灯片放映前的准备工作是非常必要的。

⬇	本小节示例文件位置如下。
原始文件	第13章\2016年终总结1.pptx
最终效果	第13章\2016年终总结1.pptx

1. 放映指定幻灯片

在放映幻灯片时,系统默认设置为放映整个演示文稿,即放映所有的幻灯片。而现实情况可能是只放映其中连续的几张幻灯片,这时可以在【设置放映方式】对话框中进行设置。

1 打开本实例的原始文件,切换到【幻灯片放映】选项卡,在【设置】组中单击【设置幻灯片放映】按钮 ⬛。

2 弹出【设置放映方式】对话框,在【放映幻灯片】组合框中选中第2个单选钮,然后在其后面的微调框中分别输入【2】和【8】。

3 设置完毕单击 确定 按钮,返回演示文稿,切换到【幻灯片放映】选项卡,在【开始放映幻灯片】组中,单击【从头开始】按钮 。

4 此时幻灯片从第2张开始放映。

|提示|

放映指定幻灯片和自定义放映幻灯片的区别是：①放映指定幻灯片只能放映指定的连续的幻灯片；②自定义放映幻灯片可以指定放映任意的几张幻灯片，而且可以调整幻灯片的放映顺序。

2. 设置幻灯片循环放映

1 打开本实例的原始文件，切换到【幻灯片放映】选项卡，在【设置】组中单击【设置幻灯片放映】按钮。

2 弹出【设置放映方式】对话框，在【放映选项】组合框中选中【循环放映，按ESC键终止】复选框。

3 设置完毕单击 确定 按钮，返回演示文稿，再次播放演示文稿时，即可实现循环播放。

3. 隐藏幻灯片

每个演示文稿都包含多张幻灯片，如果在放映时不想每张幻灯片都演示，此时可以通过隐藏幻灯片的方法将某些幻灯片隐藏起来。

1 切换到【视图】选项卡，在【演示文稿视图】组中，单击 幻灯片浏览 按钮。

2 在需要隐藏的幻灯片上单击鼠标右键，在弹出的快捷菜单中选择【隐藏幻灯片】选项。

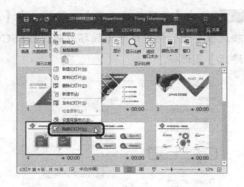

4. 排练计时

1 打开本实例的原始文件，选择第1张幻灯片，切换到【幻灯片放映】选项卡，在【设置】组中，单击【排练计时】按钮。

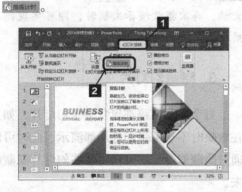

2 此时，进入幻灯片放映状态，在【录制】工具栏的【幻灯片放映时间】文本框中显示当前幻灯片的放映时间。

3 在【录制】工具栏中单击【下一项】按钮 → ，切换到其他幻灯片中，然后按照同样的方法设置其放映时间。

4 幻灯片排练完成，单击【录制】工具栏中的【关闭】按钮，随即弹出【Microsoft PowerPoint】对话框，提示用户幻灯片放映所需时间以及是否保留幻灯片新的幻灯片计时。

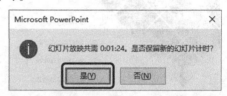

5 单击 是(Y) 按钮，返回幻灯片。切换到【视图】选项卡，在【演示文稿视图】组中单击【幻灯片浏览】按钮。

6 随即系统会进入浏览视图状态，在该视图方式中显示了每张幻灯片播放所需的时间。

7 在放映幻灯片之前，做个排练计时，为幻灯片的正式放映做好准备。

13.3.2 幻灯片放映中的设置

针对幻灯片放映过程中的实际需要，可以进行相关设置。

	本小节示例文件位置如下。
原始文件	第13章\2016年终总结2.pptx
最终效果	第13章\2016年终总结2.pptx

1. 切换幻灯片

1 切换到【幻灯片放映】选项卡，在【开始放映幻灯片】组中单击【从头开始】按钮。

2 幻灯片开始放映后，用户可以通过单击幻灯片左下角的【上一张】按钮◁或【下一张】按钮▷来快速切换幻灯片。

2. 定位幻灯片

1 切换到【幻灯片放映】选项卡，在【开始放映幻灯片】组中单击【从头开始】按钮。

2 幻灯片开始放映后，单击幻灯片左下角的【幻灯片浏览】按钮⊞。

3 随即幻灯片进入浏览状态，用户可以选择任意一张幻灯片，例如选中第4张幻灯片。

4 即可使放映中的幻灯片快速定位至第4张幻灯片。

3. 为幻灯片添加标记

在播放演示文稿的过程中，用户可以使用画笔在幻灯片上进行圈注、勾画等操作，以吸引观众的注意力和增强演示文稿的表达能力。

1 按【F5】键进入幻灯片放映状态，当放映到指定的幻灯片时，单击幻灯片放映窗口左下角的【画笔】按钮 ⊘，在弹出的下拉列表中选择【笔】选项。

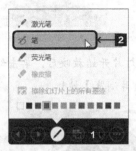

2 再次从画笔下拉列表中选择【墨迹颜色】➤【红色】选项。

3 将鼠标指针移动到幻灯片中，此时就可以拖动鼠标，勾画出需要特别强调的内容。

4 幻灯片放映结束时，按【Esc】键退出放映状态，此时会弹出【Microsoft PowerPoint】提示框，询问"是否保留墨迹注释？"，这里单击 保留(K) 按钮。

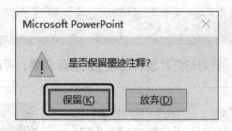

5 最终效果如图所示。

6 如果在下次播放幻灯片时，用户不想显示前一次的标注，可以在幻灯片开始放映后，在幻灯片上单击鼠标右键，在弹出的快捷菜单中选择【屏幕】➤【显示/隐藏墨迹标记】选项。

7 当播放到之前添加标注的幻灯片时，即可看到标注已经隐藏。

第14章

演示文稿的
保护与共享

本章主要介绍PowerPoint的保护、取消保护和共享等内容，以确保演示文稿的安全，并且能够与其他人交流、共享自己的演示文稿。

视频链接

关于本章知识，本书配套教学资源中有相关的多媒体教学视频，视频路径为【演示文稿的后期管理\保护演示文稿】。

14.1 保护、取消保护演示文稿

如果用户不希望自己制作的演示文稿被别人查看或者修改，可以将文档保护起来，常用的保护演示文稿的方法有标记为最终状态、用密码进行加密和限制访问。

14.1.1 标记为最终状态

【标记为最终状态】命令可以将演示文稿设置为只读，以防止其他读者无意中更改演示文稿，将演示文稿设置为最终状态后，键入、编辑和校对等操作都会被禁止。

	本小节示例文件位置如下。
原始文件	第14章\企业品牌特点.pptx
最终效果	第14章\企业品牌特点.pptx

将演示文稿标记为最终状态的具体操作步骤如下。

1 打开本实例的原始文件，单击窗口左上角的 文件 按钮。

2 在弹出的界面中选择【信息】选项，在【信息】界面中单击【保护演示文稿】按钮，从弹出的下拉列表中选择【标记为最终状态】选项。

3 随即弹出【Microsoft PowerPoint】提示对话框，提示用户"该演示文稿将先被标记为最终版本，然后保存"。

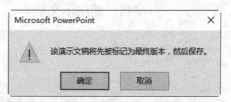

4 单击 确定 按钮，再次弹出【Microsoft PowerPoint】提示对话框，提示用户演示文稿被标记为最终状态后对演示文稿的影响。

5 再次单击 确定 按钮，返回幻灯片中，即可看到演示文稿标题后面显示"只读"，并且在选项卡下方显示"标记为最终状态"。

6 切换到【开始】选项卡，即可看到各个功能呈灰色，功能不可用。

此状态下各个功能不可用

7 如果用户想要继续编辑演示文稿，只要撤销演示文稿的最终状态。打开标记为最终状态的演示文稿，单击 仍然编辑 按钮。

8 即可退出最终状态，用户直接编辑演示文稿即可。

14.1.2 使用密码进行保护

在PowerPoint 2016中，可以使用密码对演示文稿进行加密，以防止他人打开或者修改演示文稿的内容，具体操作步骤如下。

本小节示例文件位置如下。	
原始文件	第14章\企业品牌特点1.pptx
最终效果	第14章\企业品牌特点1.pptx

1. 设置打开密码

在设置了打开密码后，在没有正确输入密码的情况下，是打不开演示文稿的。

1 打开本实例的原始文件，单击 文件 按钮。

2 在弹出的界面中选择【信息】选项，在【信息】界面中单击【保护演示文稿】按钮 🔒，从弹出的下拉列表中选择【用密码进行加密】选项。

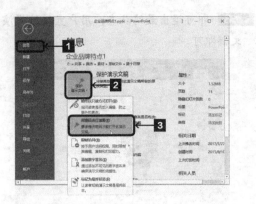

6 返回幻灯片中，保存演示文稿，然后单击【关闭】按钮，即可完成密码加密。

3 弹出【加密文档】对话框，在密码文本框中输入密码，此处我们输入【123456】，然后单击 确定 按钮。

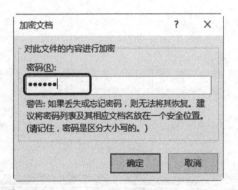

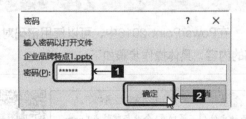

7 当再次打开加密过的演示文稿时，会弹出【密码】对话框，提示用户输入密码以打开文件，此时在【密码】文本框中输入正确的密码【123456】，然后单击 确定 按钮。

4 弹出【确认密码】对话框，在【重新输入密码】文本框中再次输入密码【123456】，然后单击 确定 按钮。

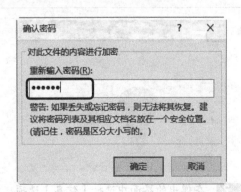

8 即可打开演示文稿。

5 返回【信息】界面，即可看到【保护演示文稿】下方显示"打开此演示文稿时需要密码"，然后单击【后退】按钮 ←。

9 如果输入的密码错误，则会弹出【Microsoft PowerPoint】提示框，提示用户密码不正确。

10 单击 确定 按钮，弹出一个不可用的演示文稿。

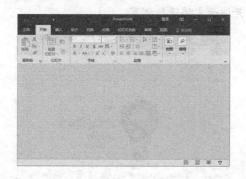

11 将不可用的演示文稿关闭，使用正确的密码重新打开演示文稿即可。

2. 设置修改密码

为演示文稿设置了修改密码，只能保证演示文稿不被修改，但文件仍然可以被打开。设置修改密码的具体操作步骤如下。

1 在演示文稿窗口中，单击 文件 按钮。

2 在弹出的界面中选择【另存为】选项，然后在【另存为】界面中双击【这台电脑】选项。

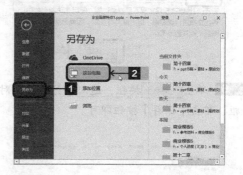

3 弹出【另存为】对话框，找到文件的保存位置，单击 工具(L) ▾ 按钮，从弹出的下拉列表中选择【常规选项】选项。

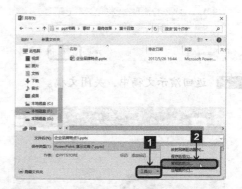

4 弹出【常规选项】对话框，在【修改权限密码】文本框中输入密码，此处输入【123】，然后单击 确定 按钮。

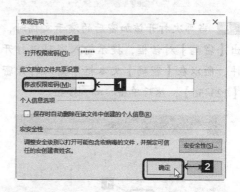

5 弹出【确认密码】对话框，在【重新输入修改权限密码】文本框中再次输入密码【123】。

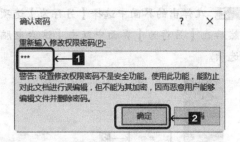

6 单击 确定 按钮，返回【另存为】对话框，单击【保存】按钮即可。

9 再次弹出【密码】对话框，提示用户"输入密码以修改或以只读方式打开"。

10 单击【只读】按钮，即可以只读形式打开演示文稿进行浏览。

7 返回演示文稿中，关闭文稿。

3. 取消密码设置

○ **取消打开密码**

1 输入正确的密码，打开设置了打开密码的演示文稿，单击 文件 按钮。

8 当再次打开该加密后的演示文稿时，弹出【密码】对话框，提示输入密码以打开文件，所以在【密码】文本框中输入打开密码【123456】，然后单击 确定 按钮。

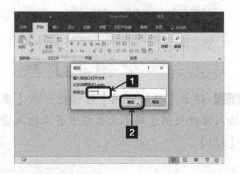

2 在弹出的界面中选择【信息】选项，在【信息】界面中可以看到【保护演示文稿】选项呈亮色显示。

3 单击【保护演示文稿】按钮，从弹出的下拉列表中选择【用密码进行加密】选项。

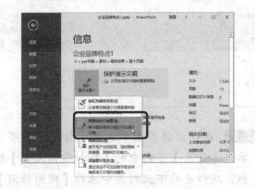

4 弹出【加密文档】对话框，将【密码】文本框中的打开密码删除。

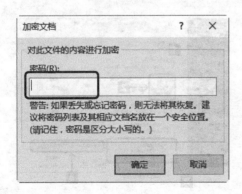

5 单击 确定 按钮，返回【信息】界面，即可看到【保护演示文稿】已经取消加亮显示。

6 单击【后退】按钮，返回演示文稿中，保存并关闭演示文稿即可。

○ 取消修改密码

1 输入正确的修改密码，打开演示文稿。

2 按照前面介绍的设置修改密码的方法，打开【常规选项】对话框，将【修改权限密码】文本框中的密码删除。

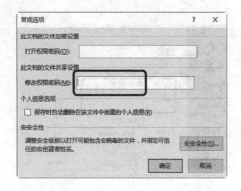

3 依次单击 确定 按钮，返回演示文稿中，保存并关闭演示文稿，即可将修改权限密码删除。

14.1.3 限制访问

本小节介绍限制访问的方法，具体操作步骤如下。

⬇	本节示例文件位置如下。
原始文件	第14章\企业品牌特点2.pptx
最终效果	第14章\企业品牌特点2.pptx

限制访问是指通过使用 PowerPoint 2016 中提供的信息权限管理来限制对演示文稿内容的访问，可以防止未经授权的用户复制、打印演示文稿，对演示文稿起到保护作用。具体操作步骤如下。

1 打开本实例的原始文件，单击窗口左上角的 文件 按钮。

2 在弹出的界面中选择【信息】选项，单击【信息】界面中的【保护演示文稿】按钮，从弹出的下拉列表中选择【限制访问】▶【连接到权限管理服务器并获取模板】选项。

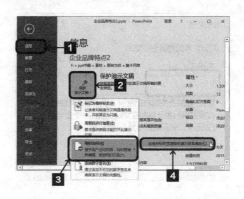

14.2 共享演示文稿

用户可以将演示文稿存放在网络上，便于随时分享或者其他用户查看、批复、修改演示文稿。

	本节示例文件位置如下。
原始文件	第14章\企业品牌特点2.pptx
最终效果	第14章\企业品牌特点2.pptx

将演示文稿保存到云端的操作如下。

1 打开本实例的原始文件，单击窗口左上角的 文件 按钮。

2 在弹出的界面中选择【账户】选项，在【账户】界面中，单击 登录 按钮。

3 弹出【登录】对话框，在【输入要用于PowerPoint账户的电子邮件地址或电话号码】文本框中输入邮件地址，然后单击 下一步 按钮。

4 在弹出的输入密码界面中输入密码，单击 登录 按钮。

5 即可登录Office个人账户，返回账户界面，然后选择【另存为】选项，在【另存为】界面中选中【OneDrive-个人】选项，单击【浏览】按钮 浏览 。

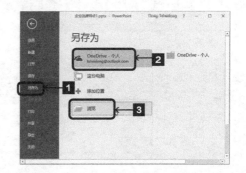

6 弹出【另存为】对话框，在对话框中找到合适的保存位置，单击【保存】按钮。

7 返回演示文稿中，上传完毕后即可将演示文稿保存到云端。

第15章

演示文稿的打印与导出

除了可以在计算机屏幕上将演示文稿进行电子演示外，还可以将它们打印出来，进行长期保存。如果想将演示文稿发送给他人或者保存在磁盘上，用户还可以将演示文稿发布、打包。

视频链接

关于本章知识，本书配套教学资源中有相关的多媒体教学视频，视频路径为【演示文稿的后期管理\演示文稿的打印与输出】。

15.1 打印演示文稿

PowerPoint 2016的打印功能非常强大。在打印之前，可以进行相关设置，使打印效果更完善。

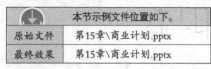

	本节示例文件位置如下。
原始文件	第15章\商业计划.pptx
最终效果	第15章\商业计划.pptx

1 打开本实例的原始文件，单击窗口左上角的 文件 按钮。

2 在弹出的界面中选择【打印】选项，即可切换到【打印】界面。

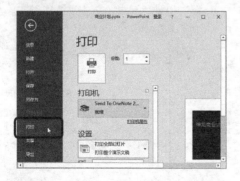

3 选择打印机。在【打印】界面中的【打印机】下拉列表中选择一种合适的打印机，如选择"Send To OneNote2016"打印机。

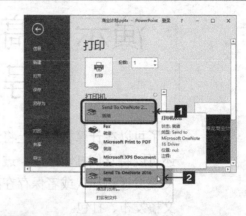

4 设置打印范围。在【打印】界面中，在【打印范围】下拉列表中选择一种合适的范围，此处我们选择【自定义范围】选项。

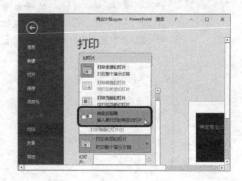

提示

【打印范围】下拉列表中包含5个选项。

打印全部幻灯片：即打印演示文稿中所有的幻灯片。

打印所选幻灯片：可以打印在演示文稿中一张或多张、连续或者不连续的幻灯片。

打印当前幻灯片：仅打印当前幻灯片。

自定义范围：输入要打印的幻灯片编号

即可打印幻灯片。

打印隐藏幻灯片：当此选项被选中（即该选项前面显示 "√"）时，可打印演示文稿中的隐藏幻灯片；不被选中时，则不可打印隐藏幻灯片。

5 此时光标自动定位到【幻灯片】文本框中，在文本框中输入要打印的幻灯片的页码即可，例如输入【1-5】。

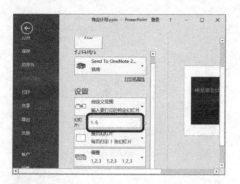

提示

如果是不连续的某几页，例如第1页、第3页、第5页，可以在【幻灯片】文本框中输入 "1，3，5"，中间用逗号隔开；如果是打印连续的几页内容，例如第1页到第5页，可以在【幻灯片】文本框中输入 "1-5"；如果页码中间有间断的，例如打印第1页到3页和第7页到9页的内容，可以输入 "1-3，7-9"，中间用逗号隔开。

6 设置打印版式。在【整页幻灯片】下拉列表中的【打印版式】组中选择一种合适的版式即可。

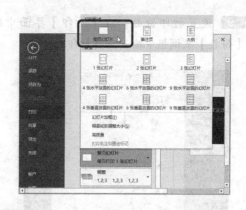

7 设置讲义幻灯片版式。在【整页幻灯片】下拉列表中的【讲义】组中选择一种合适的版式即可，例如选择【6张水平放置的幻灯片】选项。

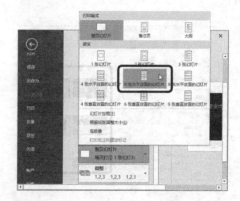

8 设置打印颜色。在【打印】界面中的【颜色】下拉列表中选择一种需要的颜色即可，例如选择【颜色】选项，即可打印彩色幻灯片。

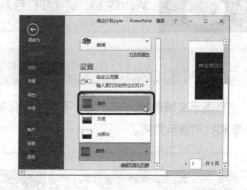

9 设置打印份数。在【打印】界面中的【份数】微调框中输入需要打印的份数。

10 预览打印效果。设置打印效果的同时在【打印】界面右侧的预览框中即可预览打印效果。

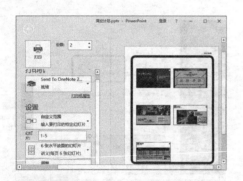

11 打印。单击【打印】按钮即可打印所需演示文稿。

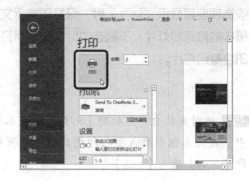

15.2 导出演示文稿

可以利用PowerPoint 2016的保存和导出功能，将演示文稿创建为PDF、Word文档、视频和打包为CD等。

15.2.1 创建PDF

将演示文稿创建为PDF后，不仅可以保护演示文稿不被别人修改、复制，还能够轻松浏览、共享和打印演示文稿。

	本小节示例文件位置如下。
原始文件	第15章\商业计划.pptx
最终效果	第15章\商业计划.pptx

使用创建PDF/XLS功能

将演示文稿创建为PDF的具体操作步骤如下。

1 打开本实例的原始文件，单击窗口左上角的 文件 按钮。

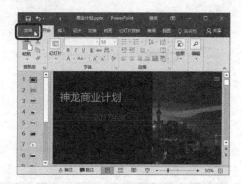

2 在弹出的界面中选择【导出】选项，即可切换到【导出】界面。

3 在【导出】界面中选择【创建PDF/XPS文档】选项，然后单击【创建PDF/XPS】按钮。

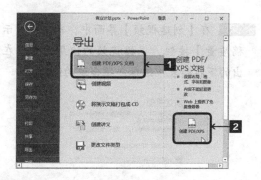

4 弹出【发布为PDF或XPS】对话框，选择创建的文件的保存位置，然后单击 选项(O)... 按钮。

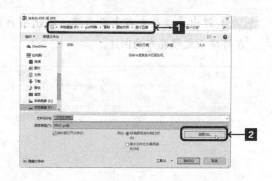

5 弹出【选项】对话框，在该对话框中可以选择范围、发布选项等内容，设置完毕，单击 确定 按钮。

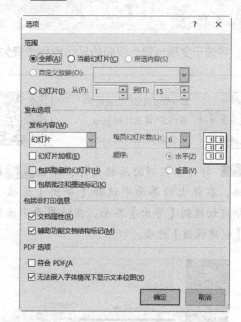

6 返回【发布为PDF或XPS】对话框，单击 发布(S) 按钮即可。

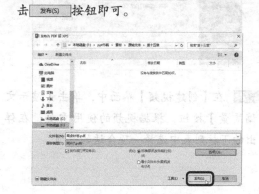

7 弹出【正在发布】提示框，提示用户正在将演示文稿发布为PDF。

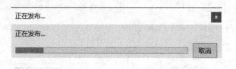

8 发布完成后，在保存的位置可以看到生成的PDF文件。

15.2.2 创建视频

将演示文稿创建为视频的具体操作步骤如下。

本小节示例文件位置如下。	
原始文件	第15章\商业计划.pptx
最终效果	第15章\商业计划.pptx

1 打开本实例的原始文件，单击 文件 按钮，在弹出的界面中选择【导出】选项，即可切换到【导出】界面，在该界面中选择【创建视频】选项。

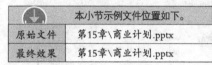

2 在【创建视频】界面中，单击【演示文稿质量】按钮，根据视频的使用需要，在弹出的下拉列表中选择一项合适的选项。

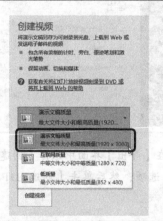

3 在【创建视频】界面中，单击【演示文稿质量】按钮，根据视频的使用需要，在弹出的下拉列表中选择一项合适的选项。

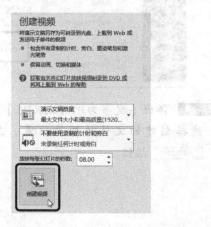

4 弹出【另存为】对话框，选择视频的保存位置，在【文件名】文本框中输入文件名，然后单击 保存(S) 按钮。

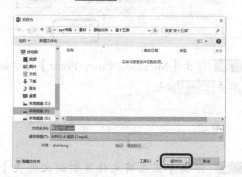

5 返回演示文稿中，状态栏显示"正在制作视频"。

6 视频创建完成以后，找到视频的保存位置，即可看到创建的视频。

7 视频创建完成后，即可播放视频。

15.2.3 打包成CD

演示文稿制作完成后，往往不是在同一台计算机上放映，如果将制作好的演示文稿复制到另一台计算机上，如果该计算机未安装PowerPoint 2016应用程序，或者演示文稿中使用的链接文件或TrueType字体在该计算机上不存在，则无法保证课件的正常播放。因此，一般在课件制作完成后需要将课件打包。

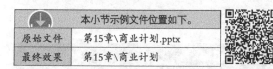

	本小节示例文件位置如下。
原始文件	第15章\商业计划.pptx
最终效果	第15章\商业计划

1 打开本实例的原始文件，单击 文件 按钮，在弹出的界面中选择【导出】选项，即可切换到【导出】界面，在该界面中选择【将演示文稿打包成CD】选项，然后单击【打包成CD】按钮。

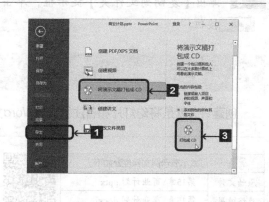

2 弹出【打包成CD】对话框，在【将CD命名为】文本框中输入CD的名称，然后单击 复制到文件夹(F)... 按钮。

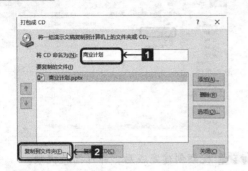

3 弹出【复制到文件夹】对话框，单击 浏览(B)... 按钮。

4 弹出【选择位置】对话框，选择合适的存储位置，然后单击 选择(E) 按钮。

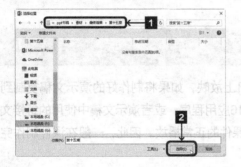

5 弹出【复制到文件夹】提示框，单击 确定 按钮。

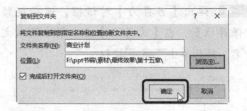

6 弹出【Microsoft PowerPoint】提示框，单击 是(Y) 按钮。

7 弹出【正在将文件复制到文件夹】提示框。

8 演示文稿打包完成后，弹出打包到的文件夹，可以看到文件夹中生成的文件。

9 当在没有安装PowerPoint 2016的电脑中演示演示文稿时，系统会自动运行"AUTORUAN.INF"，并且播放演示文稿。

15.2.4 创建讲义

创建讲义就是将幻灯片和备注发送到Word文档中，使其能够在Word编辑内容和设置格式。

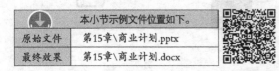

本小节示例文件位置如下。	
原始文件	第15章\商业计划.pptx
最终效果	第15章\商业计划.docx

1 打开本实例的原始文件，单击 文件 按钮，在弹出的界面中选择【导出】选项，在该界面中选择【创建讲义】选项，然后单击

【创建讲义】按钮。

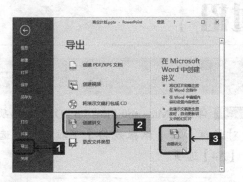

2 弹出【发送到Microsoft Word】对话框，在【Microsoft Word使用的版式】组合框中选中【备注在幻灯片下】单选钮，然后单击 确定 按钮。

3 此时系统会自动启动Microsoft Word，并将演示文稿发送到Word文档中，效果如图所示。

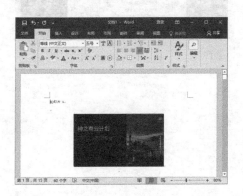

4 选中Word文档中的幻灯片，即可在Word的状态栏看到文本"双击可编辑Microsoft PowerPoint幻灯片"。

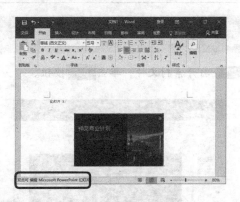

5 双击幻灯片，即可进入幻灯片编辑状态。

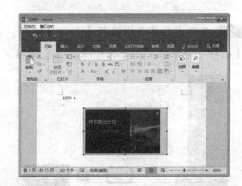

6 编辑完成后，单击幻灯片以外的任意空白区域，即可退出幻灯片编辑状态。最后将Word文档保存到合适的位置即可。

高手过招

选择打印纸张大小

1 打开素材文件，单击 文件 按钮。

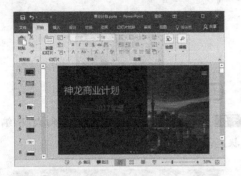

2 在弹出的界面中选择【打印】选项，在【打印】界面中单击【打印机属性】链接。

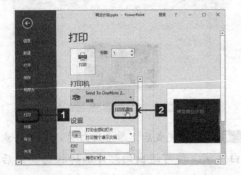

3 弹出【Microsoft Print to PDF文档属性】对话框，单击 高级(V)... 按钮。

4 弹出【Microsoft Print To PDF高级选项】对话框，在【纸张规格】下拉列表中选择【A4】选项。

5 依次单击 确定 按钮，返回【打印】界面，单击【打印】按钮，即可将演示文稿打印到A4纸张上。